U0169411

After Effects 影视后期合成与动画制作项目教程

主　编　毕兰兰

副主编　冯　颖　白　云　熊宇旋

参　编　马　驰　郑　平　关　星　王瑞峰

科　学　出　版　社

北　京

内 容 简 介

本书基于"任务驱动、项目导向"的教学理念编写而成。全书共分为 8 个项目,包括制作文字特效、制作粒子特效、制作色彩校正、制作三维空间效果、制作常规特效、制作高级特效、制作 MG 动画和制作综合案例。每个项目包含 4 个任务,共 32 个任务。每个任务分为 5 个模块:任务目标、任务导引、知识准备、任务实施、拓展训练。此外,本书还配有与教学相关的资源。

本书既可作为高职院校动漫、数字媒体、动画及其他相关专业的教材,也可作为相关行业员工的培训教材或广大影视与动画爱好者的自学用书。

图书在版编目(CIP)数据

After Effects 影视后期合成与动画制作项目教程 / 毕兰兰主编. —北京:科学出版社,2023.1

ISBN 978-7-03-072977-4

Ⅰ. ①A… Ⅱ. ①毕… Ⅲ. ①图像处理软件-教材 Ⅳ. ①TP391.413

中国版本图书馆 CIP 数据核字(2022)第 154324 号

责任编辑:宋 丽 李 莎 / 责任校对:马英菊
责任印制:吕春珉 / 封面设计:东方人华平面设计部

科 学 出 版 社 出版
北京东黄城根北街 16 号
邮政编码:100717
http://www.sciencep.com

北京中科印刷有限公司 印刷
科学出版社发行 各地新华书店经销
*
2023 年 1 月第 一 版 开本:787×1092 1/16
2023 年 1 月第一次印刷 印张:12
字数:281 000

定价:36.00 元
(如有印装质量问题,我社负责调换〈中科〉)
销售部电话 010-62136230 编辑部电话 010-62138978-2046

前　言

　　After Effects 是 Adobe 公司开发的一款图形视频处理软件，因其在非线性编辑领域中出色的专业性能，被广泛应用于影视特效制作、电子游戏动画视频制作、多媒体视频编辑等诸多领域。

　　本书基于"任务驱动、项目导向"的教学理念，在结构上突出基础性，强调职业性，全书内容循序渐进，由浅入深，务求读者掌握本书所介绍的全部工作技能。本书共有 8 个项目，分别为制作文字特效、制作粒子特效、制作色彩校正、制作三维空间效果、制作常规特效、制作高级特效、制作 MG 动画和制作综合案例。每个项目包含 4 个任务，总计 32 个任务。每个任务下设 5 个模块：任务目标、任务导引、知识准备、任务实施、拓展训练。

　　本书由辽宁生态工程职业学院与沈阳六翼螺动漫设计有限公司合作编写。本书由毕兰兰任主编，冯颖、白云和熊宇旋任副主编，马驰、郑平、关星和王瑞峰参与编写。具体分工如下：课程导入、项目一、项目二和项目四由毕兰兰编写，项目三、项目五和项目六由白云编写，项目七由冯颖、熊宇璇和王瑞峰编写，项目八、附录 A 和附录 B 由马驰、郑平和关星编写。本书的配套资料由毕兰兰和王瑞峰制作，配套课件由毕兰兰、马驰、郑平和熊宇璇制作。

　　本书在编写过程中得到了辽宁生态工程职业学院相关领导和教师，以及沈阳六翼螺动漫设计有限公司领导和员工的大力支持和帮助，在此表示衷心的感谢！

　　由于编者水平有限，书中难免有疏漏和不足之处，恳请读者批评指正。

编　者
2022 年 7 月

目　　录

课程导入　After Effects 基础知识与基本操作

一、After Effects 基础知识

（一）视频的相关概念

所谓视频，是指由一系列单幅静态图像组成，每秒连续播放 24 帧以上，由于人眼的视觉暂留现象，在观者眼中就产生了平滑而连续活动的影像。

帧是指扫描获得的一幅完整图像的模拟信号，是视频图像的最小单位。

帧速率是指每秒扫描图片的帧数。

场是指视频的一个扫描过程。场又分为逐行扫描和隔行扫描。对于逐行扫描，1 帧即是一个垂直扫描场；对于隔行扫描，用两个隔行扫描场来表示 1 帧，即 1 帧由奇数场和偶数场两部分组成。

（二）电视广播制式

电视广播制式即电视信号广播标准，主要包括帧速率、分辨率、信号带宽及载频、彩色空间的转换关系等。不同制式的电视机只能接收和处理相应制式的电视信号。但现在也出现了多制式或全制式的电视机，为处理不同制式的电视信号提供了极大的方便。目前各个国家的电视广播制式并不统一，主要有以下 3 种彩色制式。

1. NTSC 制式（N 制）

NTSC 制式是由美国国家电视标准委员会（National Television Standards Committee，NTSC）于 1952 年制定的彩色电视广播标准，采用正交平衡调幅技术（正交平衡调幅制），但其有色彩易失真的缺陷。美国、加拿大等国家和地区采用这种电视广播制式。

2. PAL 制式

PAL 制式即逐行倒相（phase alternating line）正交平衡调幅制。它是由德国于 1962 年制定的彩色电视广播标准，克服了 NTSC 制式色彩易失真的缺陷，广泛应用于中国、新加坡、澳大利亚、新西兰、德国和英国等国家和地区。根据不同的参数细节，它又可以分为 PAL-G、PAL-I、PAL-D 等制式，其中 PAL-D 是我国采用的电视广播制式。

3. SECAM 制式

SECAM 是法文"sequentiel couleur a memoire"的缩写，意思为"顺序传送彩色信

号与存储"。SECAM 制式于 1956 年首次提出，于 1966 年正式制定。它克服了 NTSC 制式色彩易失真的缺陷，采用时间分隔法来产生两个色差信号。目前，法国、部分东欧和中东国家采用这种电视广播制式。

（三）视频时间码

对于一段视频片段，其开始帧和结束帧通常用时间和地址来计算，这些时间和地址称为时间码。时间码用来识别和记录视频数据流中的每一帧，从一段视频的起始帧到终止帧，每一帧都有一个唯一的时间码。这样即可通过时间码准确地在素材上定位某一帧的位置，方便编辑视频和实现视频与音频的同步，这种同步方式称为帧同步。时间码标准由电影和电视工程师协会（The Society of Motion Picture and Television Engineers，SMPTE）制定，其格式为"时:分:秒:帧"。例如，某段 PAL 制式的素材片段时间码为"0:01:30:13"，表示其持续 1 分 30 秒 12 帧，换算成帧单位就是 2262 帧，如果帧速率为 25 帧/秒，那么这段素材可以播放约 1 分 35 秒。

电影、电视行业中使用的帧速率各不相同，但它们都有各自对应的 SMPTE 标准。例如，PAL 制式的帧速率为 25 帧/秒或 24 帧/秒，NTSC 制式的帧速率为 30 帧/秒或 29.97 帧/秒。早期黑白电视的帧速率为 29.97 帧/秒而非 30 帧/秒，这样就会产生一个问题，即在时间码与实际播放之间产生 0.1%的误差。于是人们推出了帧同步技术，以保证时间码与实际播放时间一致。与帧同步技术对应的是帧不同步技术，它会忽略时间码与实际播放时间之间的误差。

（四）色彩模式

1．RGB 模式

RGB 模式是光的色彩模式，俗称三原色（也就是 3 个颜色通道）：红色、绿色、蓝色。其中每种颜色都有 256 个亮度级（0～255）。RGB 模式又称加色模式，因为当增加红色、绿色、蓝色光的亮度级时，色彩变得更亮。所有显示器、投影仪和其他传递与滤光设备，包括电视、电影放映机等都依赖于加色模式。

任何一种色彩都可以由三原色混合得到，3 个颜色中任何一个发生变化都会导致合成出来的色彩发生变化。电视彩色显像管就是根据该原理工作的，但是这种模式不适合人的视觉特点，所以产生了其他色彩模式。

2．CMYK 模式

CMYK 由青色（cyan）、品红（magenta）、黄色（yellow）和黑色（black）4 种颜色组成。这种色彩模式主要应用于图像的打印输出，所有商业打印机都使用该模式。CMYK色彩模式中色彩的混合方式恰好与 RGB 色彩模式相反。

因此，与 RGB 模式不同，在 CMYK 模式下编辑图像时需要一些新的方法，尤其是编辑单个色彩通道时。在 RGB 模式中查看单色通道时，白色表示高亮度色，黑色表示低亮度色；在 CMYK 模式中正好相反，当查看单色通道时，黑色表示高亮度色，白色表示低亮度色。

3．HSB 模式

HSB 模式是根据人的视觉特点，用色相（hue）、饱和度（saturation）和亮度（brightness）来表达色彩。人们通常把色调和饱和度统称为色度，用于表示颜色的类别与深浅程度。由于人的视觉对亮度比对色彩浓淡更加敏感，为了便于色彩处理和识别，常采用 HSB 模式。它能把色调、饱和度和亮度的变化表现得很清楚，比 RGB 模式更加适合人的视觉特点。在图像处理和计算机视觉中，大量的算法都可以在 HSG 模式中方便使用，色相、饱和度和亮度可以分开处理而且相互独立。因此，HSB 模式可以大大简化图像分析和处理的工作量。

4．YUV（Lab）模式

YUV 模式的重要性在于它的亮度信号 Y 与色度信号 U、V 是分离的，彩色电视采用 YUV 模式正是为了用亮度信号 Y 解决彩色电视机与黑白电视机的兼容问题。如果只有 Y 分量而无 U、V 分量，这样表示的图像称为黑白灰度图。

RGB 模式并不是快速响应且提供丰富色彩范围的唯一模式。Adobe Photoshop 软件中的 Lab 色彩模式包括来自 RGB 和 CMYK 下的所有色彩，并且和 RGB 模式一样响应迅速。许多高级用户更喜欢在这种模式下工作。

Lab 模式由 3 个通道组成，一个是亮度通道，另两个是色彩通道，这里简单地用字母 a 和 b 表示。a 通道包括的色彩从深绿色（低亮度值）到灰色（中亮度值），再到粉红色（高亮度值）；b 通道包括的色彩从天蓝色（低亮度值）到灰色（中亮度值），再到深黄色（高亮度值）；Lab 模式和 RGB 模式相似，这些色彩混合在一起产生更鲜亮的色彩，只有亮度通道的值才能影响色彩的明暗变化。所以可以把 Lab 模式看作带有亮度的两个通道的 RGB 模式。

5．灰度模式

灰度模式属于非色彩模式。它只包含 256 种不同的亮度级别，并且只有一个黑色通道。在图像中看到的各种色调都是由这 256 种不同亮度的黑色表示的。

二、After Effects 基本操作

双击桌面上的 After Effects 快捷图标或者选择"开始"→"Adobe After Effects"选项，即可进入其启动界面，如图 0-1 所示。

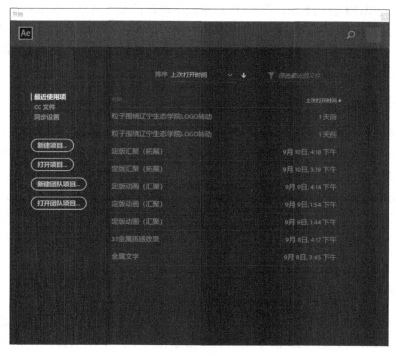

图 0-1　After Effects 启动界面

三、常用的文件格式

1. 常用的视频格式

在 After Effects（简称 AE）中常用的视频格式主要有 6 种，见表 0-1。

表 0-1　AE 中常用的视频格式及其介绍

格式	格式介绍
AVI	由微软公司推出的一种视频格式，是 AE 中常见的输出格式之一。优点是图像质量好；缺点是文件过大
RM/RMVB	RealNetworks 公司推出的一种音频、视频格式。优点是提供高压缩比；缺点是支持这两种格式的后期软件不多，需要转码后才能使用
MPEG	DVD、VCD 的一种编码。优点是应用范围广泛；缺点是此种格式的算法并非专门针对软件编辑，因此在编码时容易出现问题，最好是转码后使用
MOV	苹果公司推出的一种标准视频格式。优点是能被大多视频编辑软件识别，提供的文件容量小，视频质量高；缺点是在输出过程中容易降低影片的饱和度
WMV	微软推出的一种流媒体视频格式。优点是压缩比高，使用系统自带的播放器就能播放，与后期编辑软件兼容性好；缺点是由于微软本身的局限性导致 WMV 的应用发展并不顺利
FLV	Adobe 公司推出的一种网络流媒体视频格式。优点是压缩比高，支持流媒体播放；缺点是在编辑之前需要转码

2. 常用的音频格式

在 AE 中常用的音频格式主要有 7 种，见表 0-2。

表 0-2　AE 中常用的音频格式及其介绍

格式	格式介绍
WAV	微软推出的一种音频格式。优点是支持绝大多数应用程序，缺点是文件太大。此种格式有几种不同的采样频率和比特量，不同的采样频率和比特量，其音质也有所不同
AIFF	苹果公司推出的一种标准音频格式，文件扩展名为".aiff"或".aif"，是被广泛使用的一种音频格式
MP3	一种有损压缩音频格式。优点是压缩比高，可以达到 1∶10，甚至 1∶12；缺点是早期版本的 AE 不支持该格式
MIDI	最初用来在电子乐器上记录乐手的弹奏，以便之后重播。MIDI 文件通过记录声音的信息，并通过指挥音源使音乐重现
WMA	微软推出的一种音频压缩格式。优点是压缩比可以达到 1∶18，其生成的文件大小仅为相应 MP3 文件的一半，音质也好于 MP3 格式；缺点是高位元素的渲染能力低下
RM	RealNetworks 公司推出的一种音频格式，主要采用流媒体的方式实现网上的实时回放。优点是压缩比可以达到 1∶96，即使在 14.4kb/s 的网速下也能流畅地播放；缺点是 AE 不支持该格式
CDA	CD 音乐光盘中的文件存储格式。优点是该格式的文件大小只有几千字节；缺点是仅记录文件的索引信息，需要通过软件转换才能播放

3. 常用的图像格式

在 AE 中常用的图像格式主要有 8 种，见表 0-3。

表 0-3　AE 中常用的图像格式及其介绍

格式	格式介绍
BMP	微软公司推出的一种标准位图格式，用像素来描述图像。优点是图像像素高，缺点是文件偏大
AI	Adobe 公司推出的 Adobe illustrator 标准文件格式，使用矢量图形，通过路径来描述图像。优点是在 AE 中可以保留原有的矢量信息
JPG	一种国际通用的图像压缩格式。优点是图像压缩比大；缺点是不支持透明效果，压缩时易受损
PNG	一种采用无损压缩算法的位图格式，支持 24 位图像，用于替代 GIF 格式。优点是压缩比高，支持透明效果；缺点是图像文件过大，打开与保存速度较慢
PSD	Photoshop 专用的图像格式，采用 Adobe 的专用算法。优点是可以与 AE 进行无缝缝合，支持分层；缺点是图像文件过大
GIF	一种常用的网络图像格式。优点是支持透明效果和动画；缺点是不支持 256 色，在视频软件中使用很少
TIF	一种灵活的图像格式，支持 256 色、24 位真彩色等多种色彩位，图片质量高，主要用于图片的输出和印刷
TGA	Truevision 公司推出的一种图像格式。优点是图像质量高，支持透明效果，是计算机生成的高质量图像向电视转换的首选格式

项目一　制作文字特效

任务1　制作镜头光晕文字

▶️任务目标

学习自定义文字动画效果，掌握镜头光晕文字特效的制作方法。

▶️任务导引

本任务主要讲解如何使用文字的自定义动画与镜头光晕特效来完成镜头光晕文字特效的制作。先在 AE 中绘制遮罩和定位动画关键帧，为文字添加动画属性，再结合 AE 中的透视阴影特效、镜头光晕特效、色相/饱和度特效等技术实现镜头光晕文字效果。镜头光晕文字效果如图 1-1 所示。

图 1-1　镜头光晕文字效果

▶️知识准备

【知识点1】"字符"面板

选择"窗口"→"工作区"→"文本"选项，打开"字符"面板，如图 1-2 所示。

【知识点2】文本动画

文本图层有一项特殊功能，即文本动画。其主要作用是使文本产生局部动画。文本图层的"动画"按钮如图 1-3 所示。

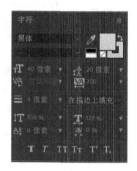

图 1-2　"字符"面板

图 1-3　文本图层的"动画"按钮

【知识点 3】遮罩的使用

● 遮罩的概念：遮罩就像一把剪刀，将素材中需要的部分保留下来，将不需要的地方屏蔽掉。

● 绘制遮罩的工具：在 AE 中绘制遮罩常使用形状工具和钢笔工具，其用法与 Photoshop 类似，如图 1-4 所示。

图 1-4　绘制遮罩的工具

※任务实施

Step❶ 启动 AE。

Step❷ 新建一个项目文件。

Step❸ 新建一个合成。选择"合成"→"新建合成"选项，在弹出的"合成设置"对话框中，设置"合成名称"为"镜头光晕文字"，"预设"为"PAL D1/DV"，"宽度"为"720px"，"高度"为"576px"，"像素长宽比"为"D1/DV PAL（1.09）"，"持续时间"为"0:00:03:00"，单击"确定"按钮。

Step❹ 在时间线下方，按 Ctrl+Y 组合键，新建一个固态图层，并命名为"背景"，将颜色设置为绿色。

Step❺ 再新建一个固态图层，并命名为"MASK"，将颜色设置为黑色。

Step❻ 选中"MASK"图层，双击"椭圆"工具按钮，绘制一个椭圆形遮罩，如图 1-5 所示。

图 1-5　椭圆形遮罩

Step❼ 设置"MASK"图层的"蒙版羽化"为"200.0，200.0 像素"，"遮罩 1"的叠加模式为"相减"，"缩放"为"113.0，113.0%"。

Step❽ 打开"标题/动作安全"框作为参照，在时间线下方的空白处右击，在弹出的快捷菜单中选择"新建"→"文本"命令，新建一个"文本"图层并输入文字"镜头光晕文字"。设置"字体"为"黑体"，"字号"为"70 像素"，"字体颜色"为"白色"，"描边颜色"为"黑色"，"描边宽度"为"3 像素"。

Step❾ 选中"文本"图层，选择"效果"→"透视"→"投影"选项，设置"距离"为"3.0"。

Step❿ 选中"文本"图层，选择"文本"选项，在打开的下拉菜单中单击"动画"按钮，接着按顺序添加"缩放""不透明度""填充颜色""模糊"等动画效果，如图 1-6 所示。

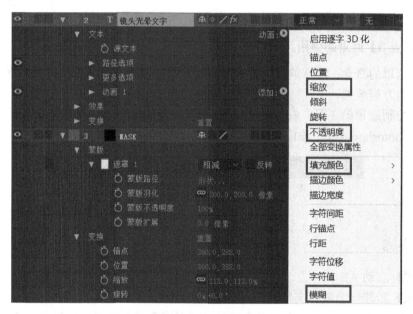

图 1-6　添加动画效果

Step⓫ 选择"文本"→"动画 1"→"范围选择器 1"选项，设置"缩放"为"400.0，400.0%"，"不透明度"为"0%"，"填充颜色"为浅黄，"模糊"为"100.0，100.0"，如图 1-7 所示。

图 1-7　动画 1 属性设置

Step⓬ 选择"文本"→"动画 1"→"范围选择器 1"→"高级"选项，设置"依据"为"不包含空格的字符"，"形状"为"下斜坡"，"缓和低"为"100%"。

Step⓭ 设置动画关键帧。选中"文本"图层，选择"文本"→"动画 1"→"范围选择器 1"→"偏移"选项，设置关键帧动画。第 0 帧，设置"偏移"为"100%"；第 1 秒10 帧，设置"偏移"为"-100%"；并打开该图层的"运动模糊"开关，如图 1-8 所示。

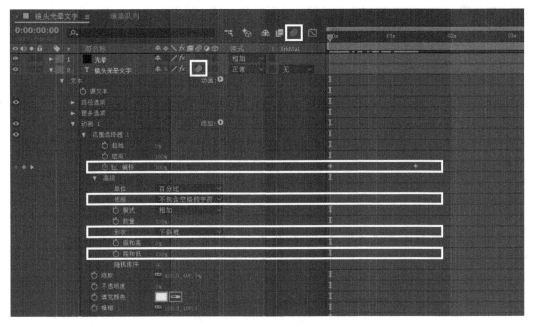

图 1-8　高级属性值和关键帧设置

Step⓮ 在时间线下方，按 Ctrl+Y 组合键，新建一个固态图层并命名为"光晕"，将该固态图层背景颜色设置为黑色。

Step⓯ 选中"光晕"图层，选择"效果"→"生成"→"镜头光晕"选项，设置"镜头类型"为"105 毫米定焦"。再次选中"光晕"图层，选择"效果"→"颜色校正"→"色相/饱和度"选项，选中"彩色化"复选框，设置"着色色相"为"0x+126.0°"，"着色饱和度"为"1"，"着色亮度"为"0"，如图 1-9 所示。

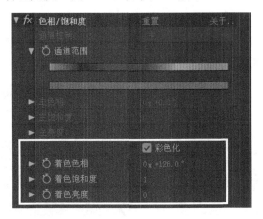

图 1-9　"色相/饱和度"参数设置

Step⑯ 为"光晕"图层添加关键帧动画。第 0 帧，设置"光晕中心"为"–218.0，280.0"；第 1 秒 10 帧，设置"光晕中心"为"988.0，280.0"。此时文字和光晕产生互动效果。

Step⑰ 为"光晕"图层的"不透明度"属性添加关键帧动画。第 1 秒 05 帧，设置"不透明度"为"100%"；第 1 秒 15 帧，设置"不透明度"为"0%"。最后修改该图层叠加模式为"相加"，使效果更加自然。最终预览效果如图 1-10 所示。

图 1-10 最终预览效果

※拓展训练

参照本书资料中的样片效果，发挥想象力，制作一个其他风格的镜头光晕文字效果。

任务 2 制作打字机动态文字

※任务目标

学习 AE 软件中自带的打字机动画特效的制作方法；掌握圆特效，以及旋转、缩放、位置等属性制作关键帧动画的设置方法。

※任务导引

本任务主要讲解 AE 软件中自带的打字机动画特效的使用技巧，并结合圆特效及旋转、缩放、位置等属性制作关键帧动画的方法，以及将打字机的特效声音融入其中，使打字机动画效果更加逼真的方法。打字机动态效果如图 1-11 所示。

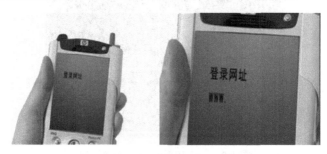

图 1-11 打字机动态文字效果

※知识准备

【知识点 1】关键帧的概念

所谓关键帧，就是在不同的时间点对象属性的变化，而时间点之间的变化则由软件来完成。单击"关键帧记录"按钮，就会自动生成一个关键帧。

【知识点 2】关键帧的类型

在 AE 中关键帧默认为匀速运动效果，而在实际制作中，关键帧除了匀速运动效果外，还有各种变速运动效果。AE 中常用的关键帧类型如图 1-12 所示。

图 1-12　AE 中常用的关键帧类型

- 菱形关键帧，是一种最普通关键帧，也是关键帧的默认类型。
- 缓入缓出关键帧，是一种能够使动画运动变得平滑的关键帧，快捷键为 F9。
- 箭头形状关键帧，其中渐出（左箭头）和渐入（右箭头）关键帧与上个关键帧类似，可以实现动画的平滑过渡，包括入点平滑关键帧和出点平滑关键帧。入点关键帧的组合键为 Shift+F9，出点关键帧的组合键为 Ctrl+Shift+F9。
- 圆形关键帧，是一种平滑类关键帧，能够使动画曲线变得平滑可控，按住 Ctrl键的同时单击相应关键帧即可添加。
- 正方形关键帧，是一种硬性变化的关键帧，在文字变换动画场景中应用较多，可以在一个文本图层改变多个文字源，实现不使用多个图层就能做出不一样的文字变换效果。可在文本图层的"来源文字"选项上直接添加正方形关键帧。
- 保持关键帧，可以右击切换保持关键帧。其中，前一个是曲线关键帧转换成停止关键帧后的状态，后一个是普通线性关键帧转换为停止关键帧后的状态，让期间的动画停下来。

※任务实施

Step❶ 启动 AE。

Step❷ 新建一个项目文件。

Step❸ 导入素材。选择"文件"→"导入"→"文件"选项，在弹出的"导入文件"对话框中选择"打字音效"和"手机.tga"素材，单击"导入"按钮，如图 1-13 所示。

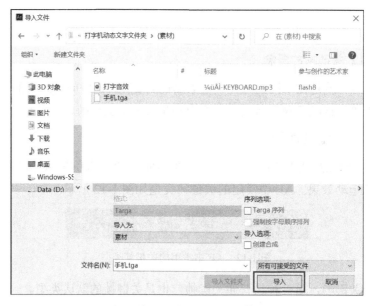

图 1-13　导入素材

Step④ 新建一个合成。选择"合成"→"新建合成"选项，在弹出的"合成设置"对话框中，设置"合成名称"为"打字动画"，"预设"为"PAL D1/DV"，"宽度"为"720px"，"高度"为"576px"，"像素长宽比"为"D1/DV PAL（1.09）"，"持续时间"为"0:00:06:00"，"背景颜色"为"白色"，单击"确定"按钮。

Step⑤ 在时间线下方的空白处右击，在弹出的快捷菜单中选择"新建"→"文本"命令，新建一个文本图层并输入文字"登录网址 www.cctv.com 央视网"，设置"字体"为"黑体"，"字号"为"60 像素"，字体"颜色"为"黑色"。其效果如图 1-14 所示。

登录网址

WWW. CCTV. COM

央视网

图 1-14　新建文本图层效果

Step⑥ 选中文字层，在"效果和预设"面板中选择"动画预置"→"Text"→"Animate In"→"打字机"选项。

Step⑦ 按 Ctrl+N 组合键，新建一个合成并命名为"屏幕打字"，其他参数设置保持不变，单击"确定"按钮。导入"手机.tga"素材，如图 1-15 所示。

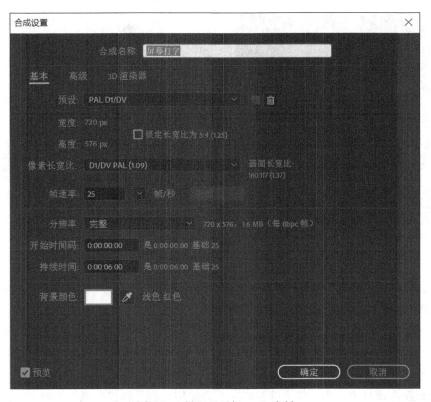

图 1-15 导入"手机.tga"素材

Step❽ 使用钢笔工具，沿着手机屏幕形状绘制一个封闭遮罩。选择"遮罩 1"选项，在打开的下拉菜单中选中"反转"复选框，单击"切换透明网格"按钮，遮罩效果如图 1-16 所示。

图 1-16 绘制手机屏幕遮罩

Step❾ 按 Ctrl+N 组合键，新建一个固态图层并命名为"屏幕"，设置"颜色"为蓝色，其他参数设置保持不变，单击"确定"按钮。

Step❿ 选中"屏幕"图层，选择"效果"→"生成"→"圆形"选项，设置"中心"为"0.0，288.0"，"半径"为"400.0"，"羽化外侧边缘"为"500.0"，"颜色"为淡蓝色，"混合模式"为"滤色"，如图 1-17 所示。

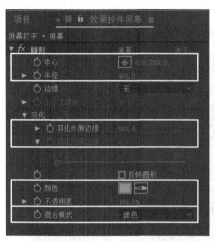 

图 1-17 设置圆形特效

Step⑪ 选中"屏幕"图层，设置"缩放"为"55.0，55.0%"，"旋转"为"0x+96.0°"，将"屏幕"图层移动到"手机"图层下方。

Step⑫ 将"打字动画"合成拖动到时间线最上方，选中"打字动画"图层，设置"缩放"为"50.0，50.0%"，"旋转"为"0x+6.0°"，调整到与手机一致角度并移动到手机屏幕最合适的位置即可，如图 1-18 所示。

Step⑬ 在项目窗口中，将"屏幕打字"合成拖动到"新建合成"按钮上，创建一个新的合成，并命名为"屏幕打字 2"。在"屏幕打字 2"合成中，选中"屏幕打字"图层，将时间指针移动到第 1 秒处，单击"位置""缩放""旋转"属性前的"码表"按钮，记录关键帧，设置"位置"为"360.0，288.0"，"缩放"为"100.0，100.0%"，"旋转"为"0x+0.0°"。将时间指针移动到第 3 秒处，设置"缩放"为"300.0，300.0%"，"旋转"为"0x，-6.0°"。将时间指针移动到第 5 秒处，设置"缩放"为"100.0，100.0%"，"旋转"为"0x，+0.0°"。这样手机屏幕就会随着时间推移，产生放大、缩小并旋转的效果。最后导入打字音效素材，最终预览效果如图 1-19 所示。

图 1-18　调整"缩放"属性和"旋转"属性　　　　图 1-19　最终预览效果

※拓展训练

参照本书资料中的样片效果，利用资料中提供的素材，制作一个电视机屏幕打字机动态文字效果。

任务3　制作绚丽文字

※任务目标

学习 3D Stroke（3D 描边）和 Starglow（星光闪耀）效果的使用方法。

※任务导引

本任务主要讲解 3D Stroke 和 Starglow 效果的高级应用。通过本任务的学习，读者可以掌握 3D Stroke 效果中的 Taper（锥化）和 Advanced（高级）属性的具体应用。绚丽文字效果如图 1-20 所示。

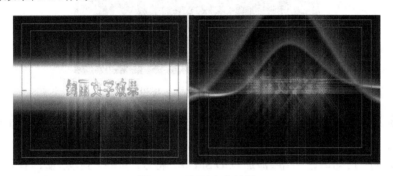

图 1-20　绚丽文字效果

※知识准备

【知识点 1】3D Stroke

3D Stroke 特效可以为路径、遮罩添加画笔，类似于 Photoshop 中的描边功能。它能为画笔添加关键帧动画，通过丰富的控制能力让画笔在三维空间中自由运动，完成如弯曲、位移、缩放、旋转等操作。它常用于绘制一些精美的几何图形。

【知识点 2】Starglow

Starglow 的作用是依据图像的高光部分建立一个星光闪耀特效。它的星光包含 8 个方向（上、下、左、右，以及 4 个对角线），每个方向都能被单独调整强度和颜色贴图，其中一次最多支持使用 3 种不同的颜色贴图。

※任务实施

Step❶ 启动 AE。

Step❷ 新建一个项目文件。

Step❸ 新建一个合成。选择"合成"→"新建合成"选项，在弹出的"合成设置"对话框中，设置"合成名称"为"绚丽文字"，"预设"为"自定义"，"宽度"为"720px"，"高度"为"405px"，"像素长宽比"为"D1/DV PAL（1.09）"，"持续时间"为"0:00:02:15"，单击"确定"按钮。

Step❹ 新建一个文字层。单击"横排文字工具"按钮，在合成窗口中输入文字"绚丽文字效果"。打开"标题/动作安全"框，使文字居中对齐，设置"字体"为"黑体"，"字号"为"50 像素"，"字体颜色"为浅粉色，如图 1-21 所示。

图 1-21　绚丽文字效果设置

Step❺ 选中文字层，选择"图层"→"自动追踪"选项，在弹出的"自动追踪"对话框中单击"确定"按钮，即新建一个"自动追踪"图层。隐藏文字层。

Step❻ 为"自动追踪"图层添加"3D Stroke"特效。选中"自动追踪"图层，选择"效果"→"Trapcode"→"3D Stroke"选项，设置"颜色"为橙色，"厚度"为"1.8"，"羽化"为"2.0"，"起"为"2.0"，"末"为"100.0"。"3D Stroke"特效参数设置如图 1-22 所示。

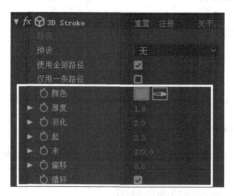

图 1-22　"3D Stroke"特效参数设置

Step❼ 选择"锥度"选项，在打开的下拉菜单中选中"启用"复选框。

Step❽ 选择"高级"选项，在打开的下拉菜单中设置"调节步幅"为"3500.0"。

Step❾ 选择"重复"选项，在打开的下拉菜单中选中"启用"复选框，设置"伸展"为"0.2"。

Step❿ 添加关键帧动画。选择"重复"选项，第 0 帧，设置"伸展"为默认值；第 18 帧，设置"伸展"为"1.2"；第 2 秒 10 帧，设置"伸展"为"0.1"。文字打开、合并动画效果如图 1-23 所示。

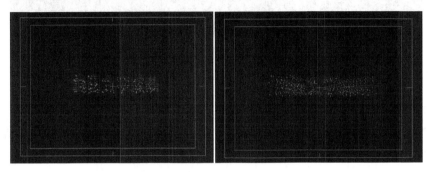

图 1-23　文字打开、合并动画效果

Step⓫ 选择"高级"选项，添加关键帧动画。第 0 帧，设置"调节步幅"为"3500.0"；第 2 秒，设置"调节步幅"为"1400.0"；第 2 秒 10 帧，设置"调节步幅"为"100.0"。

Step⓬ 选择"重复"选项，添加关键帧动画。第 2 秒，设置"Z 轴移动"为"30.0"（默认值）；第 2 秒 10 帧，设置"Z 轴移动"为"0.0"。

Step⓭ 选中"自动追踪层"图层，选择"效果"→"Trapcode"→"Startglow"选项，设置"预置"为"白色星形 2"，"光线长度"为"60.0"，"输入通道"为"亮度"（或"Alpha"）。

Step⓮ 选择"Starglow"选项，添加关键帧动画。第 2 秒，设置"星光不透明度"为"100%"；第 2 秒 10 帧，设置"星光不透明度"为"0%"。产生星光之后，能清楚看到文字的效果。

Step⓯ 选中"自动追踪"图层，选择"效果"→"风格化"→"发光"选项，设置"发光阈值"为"85.0%"，"发光半径"为"15.0"，"发光强度"为"4.0"，"发光颜色"为"A 和 B 颜色"，"色彩相位"为"0x+106.0°"，如图 1-24 所示。

Step⓰ 最后导入背景素材，绚丽文字效果即制作完成。最终预览效果如图 1-25 所示。

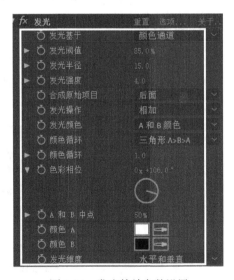

图 1-24　发光特效参数设置

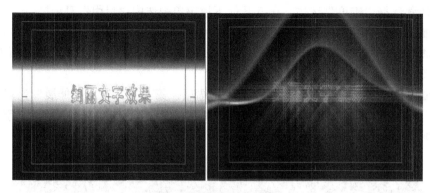

图 1-25　最终预览效果

⬗拓展训练

参照本书资料中的样片效果，利用资料中提供的素材，制作一个其他风格的绚丽文字效果。

任务 4　制作水底文字

⬗任务目标

掌握置换映射技术的使用方法和快速模糊特效的使用技巧。

⬗任务导引

本任务主要讲解 Targa 序列素材的导入方法、置换映射技术的使用方法，以及快速模糊特效的使用技巧。通过对本任务的学习，读者将掌握水底文字效果的制作方法。水底文字效果如图 1-26 所示。

图 1-26　水底文字效果

※知识准备

【知识点 1】置换映射

置换映射特效根据添加的控制图层的颜色值决定像素偏移量，颜色值为 0～255，每个像素的偏移尺寸为-1～0。当颜色值为 0 时，将产生最大的负偏移，即最大偏移量-1；当颜色值为 255 时，将产生最大量的正偏移；当颜色值为 128 时，不产生任何像素偏移量。添加置换映射特效的前后效果对比如图 1-27 所示。

（a）添加前效果

（b）控制图层效果

（c）添加后效果

图 1-27　添加置换映射特效的前后效果对比

【知识点 2】快速模糊

AE 中常用的模糊特效是快速模糊和高斯模糊，这两种特效都可以对图像进行高度模糊处理。在图层质量最佳情况下，快速模糊和高斯模糊效果相同，但是在处理大面积图像时，快速模糊比高斯模糊速度更快一些。

※任务实施

Step❶ 启动 AE。

Step❷ 新建一个项目文件。

Step❸ 新建一个合成。选择"合成"→"新建合成"选项，在弹出的"合成设置"对话框中，设置"合成名称"为"参考"，"预设"为"PAL D1/DV"，"宽度"为"720px"，"高度"为"576px"，"像素长宽比"为"D1/DV PAL（1.09）"，"持续时间"为"0:00:03:00"，单击"确定"按钮。

Step❹ 双击项目窗口，导入"水波纹"素材，选中"序列选项"组中的"Targa序列"复选框，单击"导入"按钮，如图 1-28 所示。将"水波纹"素材拖动到时间线上。

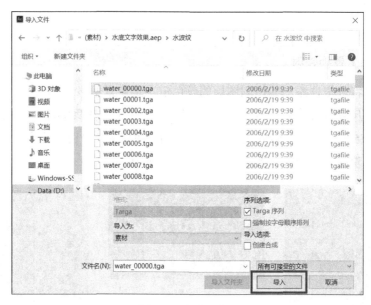

图 1-28　导入素材

Step❺ 选中"水波纹"素材图层,选择"效果"→"色彩校正"→"色相/饱和度"选项,设置"主饱和度"为"-100"。

Step❻ 选中"水波纹"素材图层,选择"效果"→"色彩校正"→"色阶"选项,设置"输入黑色"为"165.0","输入白色"为"190.0","灰度系数"为"1.00","输出黑色"为"0.0","输出白色"为"255.0",如图 1-29 所示。

Step❼ 选中"水波纹"素材图层,选择"效果"→"过时"→"快速模糊"(旧版)选项,设置"模糊度"为"12",选中"重复边缘像素"复选框。

Step❽ 在时间线下方,按 Ctrl+Y 组合键,新建一个固态图层并命名为"背景",设置其颜色为"R:128,G:128,B:128","背景"图层叠加模式为"相加"。

Step❾ 新建一个合成。选择"合成"→"新建合成"选项,在弹出的"合成设置"对话框中,设置"合成名称"为"水底文字","预设"为"自定义","宽度"为"720px","高度"为"576px","像素长宽比"为"D1/DV PAL (1.09)","持续时间"为"0:00:03:00",单击"确定"按钮。

Step❿ 将"水波纹"素材和"参考"合成拖动到时间线面板中,并隐藏"参考"合成。

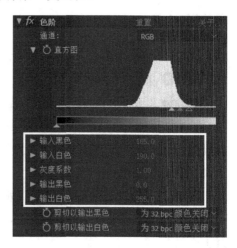

图 1-29　色阶特效参数设置

Step⑪ 单击"横排文字工具"按钮，输入文字"水波文字"，并打开文字层的三维开关。

Step⑫ 选中文字层，打开文字层下拉菜单，设置"位置"为"70.0，190.0，10.0，"，"缩放"为"140.0，140.0，140.0%"，"方向"为"340.0°，10.0°，35.0°"，"不透明度"为"25%"，如图 1-30 所示。

Step⑬ 选中文字层，选择"效果"→"扭曲"→"置换图"选项，设置"置换图层"为"3.参考"，"用于水平置换"为"红色"，"最大水平置换"为"20.0"，"用于垂直置换"为"绿色"，"最大垂直置换"为"20.0"，选中"像素回绕"复选框，如图 1-31 所示。

图 1-30　文字层属性设置

图 1-31　置换映射参数设置

Step⑭ 最终预览效果如图 1-32 所示。

图 1-32　最终预览效果

⁂拓展训练

参照本书资料中的样片效果，利用资料中提供的素材，制作一个带有水底动物运动的水底文字效果。

项目二 制作粒子特效

任务1 制作粒子围绕图标转动

❱❱任务目标

掌握"Particular"（粒子）和"梯度渐变"效果的使用。

❱❱任务导引

本任务主要讲解"Particular"和"梯度渐变"效果的运用。通过本任务的学习，读者可以掌握使用"Particular"特效来制作粒子围绕一个圆形图标转动效果的方法。粒子围绕图标转动的效果如图 2-1 所示。

图 2-1　粒子围绕图标转动的效果

❱❱知识准备

【知识点 1】Emitter 面板

Emitter 面板即发射器面板。粒子发生器主要由发射器和粒子两部分组成，在 Emitter 面板中可以通过设置发射器的类型、尺寸、方向、速度等控制粒子发射初始状态的核心参数。

【知识点 2】Particular 面板

在 Particular 面板中可以设置粒子的所有外在属性，如大小、透明度、颜色，以及整个生命周期内这些属性的变化。

【知识点 3】Physics 面板

在 Physics（物理学）面板中可以控制粒子产生以后的运动属性，如重力、碰撞、干扰等。

任务实施

Step❶ 启动 AE。

Step❷ 新建一个项目文件。

Step❸ 新建一个合成。选择"合成"→"新建合成"选项，在弹出的"合成设置"对话框中，设置"合成名称"为"粒子围绕图标转动"，"预设"为"PAL D1/DV"，"宽度"为"960px"，"高度"为"540px"，"像素长宽比"为"D1/DV PAL（1.09）"，"持续时间"为"0:00:03:00"，单击"确定"按钮。

Step❹ 在时间线下方，按 Ctrl+Y 组合键，新建一个固态图层并命名为"背景"，将固态图层的"颜色"设置为黑色，单击"确定"按钮。

Step❺ 选中"背景"图层，选择"效果"→"生产"→"梯度渐变"选项，设置"起始颜色"为"红色"，"结束颜色"为"黑色"，"渐变形状"为"径向渐变"，"渐变起点"为"477.0，269.0"，"渐变终点"为"480.0，787.0"。锁定"背景"图层。

Step❻ 在时间线下方，按 Ctrl+I 组合键，导入"圆形 LOGO 2"素材。将其拖动到时间线上，并适当调整缩放比例。选中该素材图层，选择"效果"→"抠像"→"线性颜色键"选项，抠掉其白色背景。

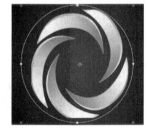

图 2-2 绘制圆形遮罩

Step❼ 在时间线下方，按 Ctrl+Y 组合键，新建一个固态图层并命名为"路径"。选中"路径"图层，绘制一个圆形遮罩，将"路径"图层放到最底层，如图 2-2 所示。

Step❽ 在"时间线"面板中右击，在弹出的快捷菜单中选择"新建"→"灯光"命令，创建一个灯光层并命名为"Emitter"，设置"灯光类型"为"点"，"强度"为"100"。

Step❾ 选中"路径"图层，打开"遮罩 1"下拉菜单，选择"蒙版路径"选项，按 Ctrl+C 组合键进行复制；选中"Emitter"图层，打开"变换"下拉菜单，选择"位置"选项，按 Ctrl+V 组合键进行粘贴。这时图标周围产生一连串关键帧，复制了灯光沿着路径悦动的效果，如图 2-3 和图 2-4 所示。

Step❿ 锁定"路径"图层。

Step⓫ 在时间线下方，按 Ctrl+Y 组合键，新建一个固态图层并命名为"粒子 1"，其他参数设置保持不变。选中"粒子 1"图层，选择"效果"→"Trapcode"→"Particular"选项。

图 2-3　将"路径"图层遮罩中的蒙版路径复制到
"灯光"图层的"位置"属性

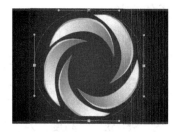

图 2-4　图标周围产生关键帧

Step⑫ 选择"Particular"→"发射器"选项，设置"粒子数量/秒"为"2500"，"发射器类型"为"灯光"，"速度"为"0.0"，"随机速率[%]"为"0.0"，"速率分布"为"0.0"，"继承运动速率[%]"为"0.0"，"发射尺寸 X"为"0.0"，"发射尺寸 Y"为"498"，"发射尺寸 Z"为"729"。

Step⑬ 单击"Particular 特效"面板中的"选项"按钮，在弹出的"Trapcode-Particular"对话框中，将初始灯光名称修改为"Emitter"，单击"OK"按钮，如图 2-5 所示。

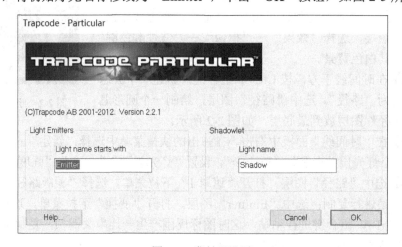

图 2-5　发射器设置

Step⑭ 打开"Particle"的下拉菜单，设置"生命[秒]"为"1"，"粒子类型"为"云朵"，"粒子羽化"为"100.0"，"尺寸"为"3.0"，"生命期尺寸"为右侧第 3 项，如图 2-6 所示。接着设置"颜色"为"橙色"，"应用模式"为"屏幕"。粒子预览效果如图 2-7 所示。

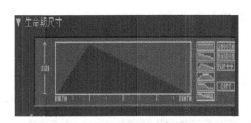
图 2-6　生命期尺寸设置

图 2-7　粒子预览效果

Step⑮ 选中"粒子 1"图层，设置该图层的叠加模式为"相加"。为该图层"不透明度"属性添加关键帧动画。第 1 秒 15 帧，设置"不透明度"为"100%"；第 2 秒 10 帧，设置"不透明度"为"0%"，如图 2-8 所示。

图 2-8　为"不透明度"属性添加关键帧动画

Step⑯ 选中"粒子 1"图层，按 Ctrl+Y 组合键，复制一个新图层并命名为"粒子 2"。选中"粒子 2"图层，设置"缩放"为"–100.0，100.0%"。粒子对称的效果如图 2-9 所示。

Step⑰ 选中"粒子 2"图层，连续按两次 Ctrl+Y 组合键，复制两个新图层并分别命名为"粒子 3"和"粒子 4"。

Step⑱ 选中"粒子 3"图层，选择"Particular"→"发射器"选项，设置"发射尺寸 X"为"1000"，"发射尺寸 Y"为"0"，"发射尺寸 Z"为"0"，如图 2-10 所示。

图 2-9　粒子对称效果

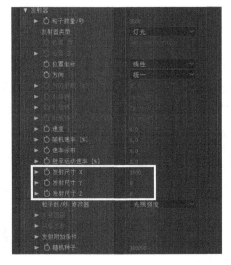
图 2-10　"粒子 3"图层发射器尺寸参数设置

Step⓳ 选中"粒子4"图层，设置"缩放"为"100.0，100.0%"。这时产生粒子对称运动效果。

Step⓴ 为 LOGO 2 图层的"缩放"和"不透明度"属性添加关键帧动画。第 0 帧，设置"不透明度"为"0%"；第 2 秒，设置"不透明度"为"100%"，"缩放"为"50.0，50.0%"；第 2 秒 24 帧，设置"缩放"为"55.0，55.0%"。最终预览效果如图 2-11 所示。

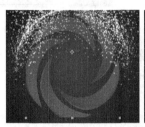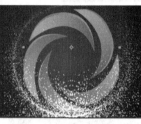

图 2-11　最终预览效果

※拓展训练

参照本书资料中的样片效果，利用资料中提供的素材，制作一个粒子围绕其他图形的图标转动的效果。

任务 2　制作向日葵粒子飞散效果

※任务目标

掌握使用"Particular"效果制作粒子飞散效果的方法。

※任务导引

本任务主要讲解"Particular"效果的使用方法和蒙版动画的使用技巧。通过两者的结合使用，制作出向日葵粒子飞散效果。向日葵粒子飞散效果如图 2-12 所示。

图 2-12　向日葵粒子飞散效果

※知识准备

【知识点1】蒙版的组成

蒙版由蒙版路径、蒙版羽化、蒙版不透明度、蒙版扩展4部分组成,如图2-13所示。

图2-13　蒙版的组成

【知识点2】蒙版的选项

- 蒙版路径:用于控制蒙版形状和路径。
- 蒙版羽化:用于控制蒙版边缘虚化效果。
- 蒙版不透明度:用于控制蒙版内的不透明度变化。
- 蒙版扩展:用于放大或者缩小蒙版范围。

※任务实施

Step❶ 启动 AE。

Step❷ 新建一个项目文件。

Step❸ 新建一个合成。选择"合成"→"新建合成"选项,在弹出的"合成设置"对话框中,设置"合成名称"为"全局动画","预设"为"HDV/HDTV 720 25","宽度"为"1280px","高度"为"720px","像素比"为"方形像素","持续时间"为"0:00:10:00",单击"确定"按钮。

Step❹ 在时间线下方,按 Ctrl+I 组合键,导入向日葵素材和纯色背景素材。

Step❺ 将向日葵素材拖动到时间线上,选中向日葵素材图层,单击"矩形工具"按钮,创建一个矩形蒙版。为"蒙版路径"属性添加关键帧动画。第0帧,将蒙版调整到适配整个画面;第9秒24帧,将蒙版调整到合成窗口的下端,如图2-14所示。

Step❻ 设置"蒙版羽化"为"0.0,20.0 像素",即为向日葵添加了慢慢消散的动画效果。

Step❼ 再次新建一个合成。选择"合成"→"新建合成"选项,在弹出的"合成设置"对话框中,设置"合成名称"为"局部动画","预设"为"HDV/HDTV 720 25","宽度"为"1280px","高度"为"720px","像素比"为"方形像素","持续时间"为"0:00:10:00",单击"确定"按钮。

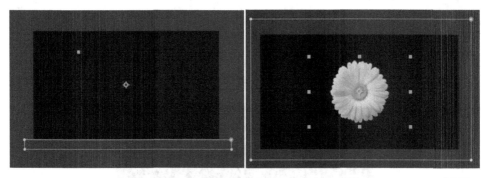

图 2-14　为"蒙版路径"属性添加关键帧动画

Step⑧ 再次将向日葵素材拖动到"局部动画"合成时间线上。

Step⑨ 选中向日葵素材图层，单击"矩形工具"按钮，创建一个矩形蒙版。为"蒙版路径"属性添加关键帧动画。第 0 帧，将蒙版调整到合成窗口的上端，如图 2-15 所示；第 9 秒 24 帧，将蒙版调整到合成窗口的下端，如图 2-16 所示。修改"蒙版羽化"为"0.0，20.0 像素"。

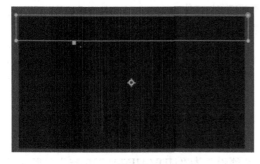
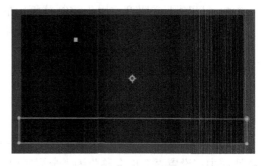

图 2-15　第 0 帧蒙版位置　　　　　　　图 2-16　第 9 秒 24 帧蒙版位置

Step⑩ 再次新建一个合成。选择"合成"→"新建合成"选项，在弹出的"合成设置"对话框中，设置"合成名称"为"向日葵飞散"，"预设"为"HDV/HDTV 720 25"，"宽度"为"1280px"，"高度"为"720px"，"像素比"为"方形像素"，"持续时间"为"0:00:10:00"，单击"确定"按钮。

Step⑪ 在时间线下方，按 Ctrl+I 组合键导入纯色背景素材，并将其拖动到"向日葵飞散"合成时间线上。将项目窗口中"局部动画"和"全局动画"合成拖动到"向日葵飞散"合成时间线上。打开"局部动画"图层的三维开关，锁定并隐藏该图层，如图 2-17 所示。

图 2-17 "向日葵飞散"合成中的设置

Step⑫ 在时间线下方，按 Ctrl+Y 组合键，新建一个黑色的纯色图层并命名为"pa"。选中该图层，选择"效果"→"Trapcode"→"Particular"→"发射器"选项，设置"粒子数量/秒"为"45000"，"发射器类型"为"图层"，"方向"为"圆形"，"方向扩散[%]"为"100.0"，"速度"为"5.5"，"随机速率[%]"为"15.0"，"速率分布"为"1.0"，如图 2-18 所示。

图 2-18 "发射器"参数设置

Step⑬ 打开"发射图层"选项的下拉菜单，设置"图层"为"3.局部动画"，"图层采样"为"粒子产生时间"，"随机种子"为"0"，如图 2-19 所示。

图 2-19 "发射图层"参数设置

Step⑭ 打开"Particular"选项的下拉菜单，设置"生命[秒]"为"6.0"，"粒子类型"为球体，"粒子羽化"为"15.0"，"尺寸"为"2.5"，"尺寸随机[%]"为"10.0"，如图 2-20 所示。

Step⑮ 打开"物理学"选项的下拉菜单，设置"重力"为"-20.0"，"物理学时间因数"为"2.0"。打开"气"选项的下拉菜单，设置"旋转幅度"为"50.0"，"风向 Z"为"-100.0"。打开"扰乱场"选项，设置"影响位置"为"130.0"，"曲线淡入"为"线性"，"复杂程度"为"5"，"倍频倍增"为"0.1"，"演变速度"为"2.0"，如图 2-21 所示。

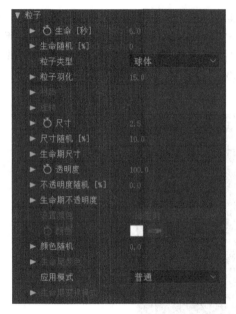

图 2-20 "粒子"参数设置

图 2-21 "物理学"参数设置

Step⑯ 打开"球形场"选项的下拉菜单，设置"位置 XY"为"640.0，147.0"，"半径"为"220.0"，其他参数设置保持不变。

Step⑰ 打开"pa"图层的"运动模糊"开关和"运动模糊总"开关，如图 2-22 所示，再将"总模糊"开关打开。最终预览效果如图 2-23 所示。

图 2-22 打开模糊开关

图 2-23　最终预览效果

※拓展训练

参照本书资料中的样片效果，利用资料中提供的素材，制作一个人物或者动物粒子飞散效果。

任务 3　制作心形光效特效

※任务目标

学习"勾画"和"Starglow"效果的使用。

※任务导引

本任务主要讲解"勾画"特效和"Starglow"特效的使用技巧。通过本任务的学习，读者可以在画面中制作精美的心形光效特效。心形光效特效如图 2-24 所示。

图 2-24　心形光效特效

※知识准备

【知识点】"勾画"特效

"勾画"特效的主要功能是在物体周围产生类似自发光的效果，同时还可以对物体产生的光圈添加动画效果，使其围绕物体运动。

❊任务实施

Step❶ 启动 AE。

Step❷ 新建一个项目文件。

Step❸ 新建一个合成。选择"合成"→"新建合成"选项，在弹出的"合成设置"对话框中，设置"合成名称"为"comp1"，"预设"为"PAL D1/DV"，"宽度"为"720px"，"高度"为"576px"，"像素长宽比"为"D1/DV PAL（1.09）"，"持续时间"为"0:00:05:00"，单击"确定"按钮。

Step❹ 在时间线下方，按 Ctrl+Y 组合键，新建一个固态图层并命名为"黑色固态图层 1"，将固态图层的颜色设置为"纯黑色"。

Step❺ 选中固态图层，单击"钢笔工具"按钮，绘制一个蒙版，如图 2-25 所示。

Step❻ 选中固态图层，选择"效果"→"生成"→"勾画"选项，设置"描边"为"蒙版/路径"，"片段"为"1"，"长度"为"0.600"，"随机植入"为"5"，如图 2-26 所示。

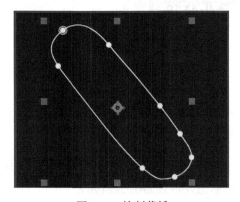

图 2-25　绘制蒙版

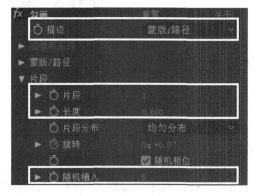

图 2-26　"勾画"特效参数设置

Step❼ 为"旋转"属性添加关键帧动画。第 1 帧，单击"旋转"前的"码表"按钮，设置"旋转"为"0x+0.0°"；第 4 秒 24 帧，设置"旋转"为"-4x+0.0°"，这时生成关键帧动画，如图 2-27 所示。

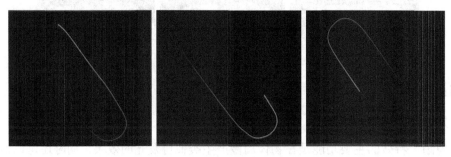

图 2-27　为"旋转"属性添加关键帧动画

Step❽ 选中固态图层，选择"效果"→"Trapcode"→"Starglow"选项，设置"预设"为"白色星形"，"输入通道"为"亮度"，"光线长度"为"20.0"，"提升亮度"为"2.0"，如图 2-28 所示。

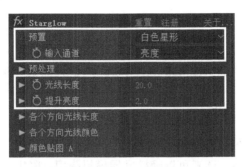

图 2-28　"Starglow"特效参数设置

Step❾ 选中固态图层，复制一个新图层。选中复制的新图层，打开"勾画"选项的下拉菜单，设置"长度"为"0.020"；打开"Starglow"选项的下拉菜单，设置"提升亮度"为"0.020"。

Step❿ 新建一个合成。选择"合成"→"新建合成"选项，在弹出的"合成设置"对话框中，设置"合成名称"为"comp 2"，"预设"为"PAL D1/DV"，"宽度"为"720px"，"高度"为"576px"，"像素长宽比"为"D1/DV PAL（1.09）"，"持续时间"为"0:00:05:00"，单击"确定"按钮。

Step⓫ 将"comp1"合成拖动到"comp 2"合成时间线上。设置"comp1"图层叠加模式为"相加"；按 Ctrl+D 组合键复制一个新图层，设置新图层的"缩放"为"-100.0，100.0%"。

Step⓬ 按 Ctrl+I 组合键，导入背景素材，将其拖动到"comp 2"合成时间线上，将背景素材的尺寸进行适当调整。最终预览效果如图 2-29 所示。

图 2-29　最终预览效果

❋拓展训练

参照本书资料中的样片效果，利用资料中提供的素材，制作一个其他背景图片和其他风格的心形光效特效。

任务 4　制作城市雨夜特效

※任务目标

学习"曝光度"和"CC Rainfall（CC 降雨）"效果的组合应用。

※任务导引

本任务主要讲解如何组合运用"曝光度"和"CC Rainfall"效果来模拟真实的降雨场景。通过本任务的学习，读者可以轻松掌握模拟降雨、降雪等场景效果的技巧。城市雨夜特效如图 2-30 所示。

图 2-30　城市雨夜特效

※知识准备

【知识点 1】添加"CC Rainfall"特效

选中素材图层，选择"效果"→"模拟"→"CC Rainfall"选项，添加"CC Rainfall"特效，如图 2-31 所示。

【知识点 2】"CC Rainfall"特效参数

- Drops 用来设置降雨量的多少。
- Size 用来设置雨点的大小。
- Speed 用来设置降雨的速度。
- Wind 用来设置风力的大小，即雨的倾斜度。
- Color 用来设置雨的颜色。
- Opacity 用来设置雨的颜色透明度。

※任务实施

Step❶ 启动 AE。

Step❷ 新建一个项目文件。

Step❸ 新建一个合成。选择"合成"→"新建合成"选项，在弹出的"合成设置"对话框中，设置"合成名称"为"城市夜景"，"预设"为"自定义"，"宽度"为"960px"，"高度"为"540px"，"像素长宽比"为"方形像素"，"持续时间"为"0:00:10:00"，单击"确定"按钮。

图 2-31　添加"CC Rainfall"特效

Step❹ 按 Ctrl+I 组合键，导入"城市夜景"和"降雨"素材，将素材拖动到时间线面板。

Step❺ 选中"城市夜景"素材图层，选择"效果"→"色彩校正"→"曝光度"选项，设置"曝光度"为"−1.20"，"灰度系数校正"的值为"0.78"，如图 2-32 所示。

图 2-32　"曝光度"参数设置

Step❻ 选中"城市夜景"素材，选择"效果"→"模拟"→"CC Rainfall"选项，设置"Size"为"3.00"，"Speed"为"4000"，"Variation%（Wind）"为"4.5"，"Color"为"白色"，"Opacity"为"25.0"，如图 2-33 所示。

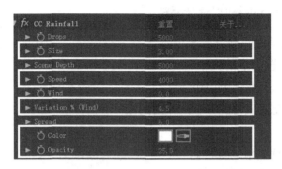

图 2-33　"CC Rainfall" 特效参数设置

Step❼ 选中"城市夜景"素材图层，选择"效果"→"模糊和锐化"→"方框模糊"选项，设置"模糊半径"为"2.0"，选中"重复边缘像素"复选框。

Step❽ 将"降雨"素材图层拖动到合成时间线上，将其放置到时间线最顶层，设置其叠加模式为"相加"。最终预览效果如图 2-34 所示。

图 2-34　最终预览效果

拓展训练

　　参照本书资料中的样片效果，利用资料中提供的素材，制作一个其他夜景的降雨特效。

项目三　制作色彩校正

任务 1　制作金属质感效果

▶▶任务目标

掌握"梯度渐变""投影""斜面 Alpha""曲线""照片滤镜"等效果在 AE 调色中的应用。

▶▶任务导引

本任务主要讲解如何组合运用"梯度渐变""投影""斜面 Alpha""曲线""照片滤镜"等效果来制作金属质感的文字动画效果，如图 3-1 所示。

图 3-1　金属质感的文字动画效果

▶▶知识准备

【知识点】曲线特效

曲线（curves）是 AE 调色工具中的一种，通过曲线形状可以精确地控制画面的色彩和明度等。与色相/饱和度一样，曲线既可以全局控制画面，也可以单独调节单一通道。

任务实施

Step❶ 启动 AE。

Step❷ 新建一个项目文件。

Step❸ 新建一个合成。选择"合成"→"新建合成"选项，在弹出的"合成设置"对话框中，设置"合成名称"为"金属质感"，"预设"为"自定义"，"宽度"为"960px"，"高度"为"540px"，"像素长宽比"为"方形像素"，"持续时间"为"0:00:05:00"，单击"确定"按钮。

Step❹ 按 Ctrl+I 组合键，导入"BG"素材，并拖动到"金属质感"合成时间线上。

Step❺ 选中"BG"图层，选择"效果"→"颜色校正"→"三色调"选项，设置"中间色调"的颜色为"R:70，G:125，B:125"。

Step❻ 选择"图层"→"新建"→"调节图层"选项，新建一个调节图层并命名为"视觉中心"。选中"视觉中心"图层，单击"钢笔工具"按钮，绘制一个蒙版，如图 3-2 所示。设置"蒙版羽化"为"200.0，200.0 像素"，选中"反转"复选框。

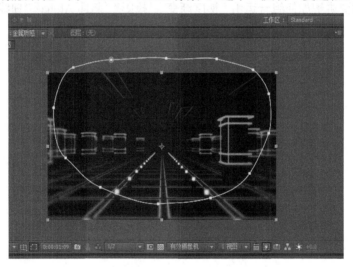

图 3-2　绘制蒙版

Step❼ 选中"视觉中心"图层，选择"效果"→"模糊与锐化"→"快速模糊"选项，设置"模糊度"为"10.0"，选中"重复边缘像素"复选框。

Step❽ 按 Ctrl+Y 组合键，新建一个纯色图层并命名为"压角"，设置颜色为"R:0，G:25，B:50"。选中"压角"图层，单击"钢笔工具"按钮，绘制一个蒙版（不包含 4 个角的蒙版）。蒙版压角效果如图 3-3 所示。设置"蒙版羽化"为"200.0，200.0 像素"，选中"反转"复选框。

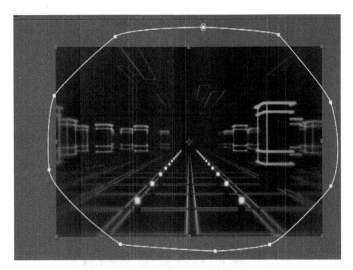

图 3-3　蒙版压角效果

Step❾ 按 Ctrl+Y 组合键，新建一个纯黑色图层并命名为"镜头光晕"。选中该图层，选择"效果"→"生成"→"镜头光晕"选项，设置"光晕中心"为"-25.0，-10.0"，"镜头类型"为"105 毫米定焦"。

Step❿ 为"光晕亮度"属性添加"抖动表达式"。按住 Alt 键的同时单击"光晕亮度"前的"码表"按钮，即可添加一条抖动表达式，在表达式中直接输入"wiggle（8，10）"；将该图层的叠加模式修改为"相加"，如图 3-4 所示。

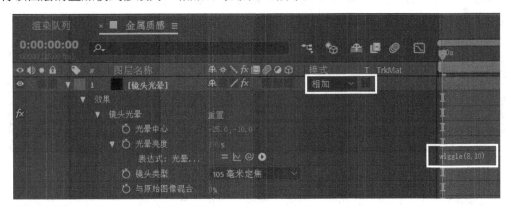

图 3-4　添加"抖动表达式"

Step⓫ 选中"镜头光晕"图层，选择"效果"→"颜色校正"→"色调"选项；继续选中该图层，选择"效果"→"颜色校正"→"曲线"选项，分别在 RGB、"红色"和"蓝色"通道中调整曲线，如图 3-5 所示。

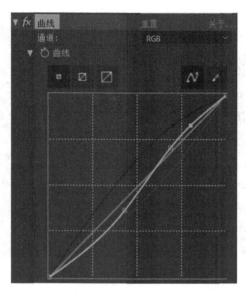

图 3-5 调整曲线

Step⓬ 按 Ctrl+I 组合键，导入"Link One.mov"素材，将其拖动到"金属质感"合成时间线上。

Step⓭ 选中"Link One.mov"图层，选择"效果"→"生成"→"梯度渐变"选项，设置"渐变起点"为"480.0，165.0"，"渐变终点"为"480.0，275.0"，"起始颜色"为"R:115，G:115，B:115"，"结束颜色"为"R:217，G:217，B:217"。"梯度渐变"参数设置及其效果如图 3-6 所示。

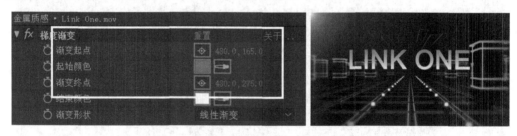

图 3-6 "梯度渐变"参数设置及其效果

Step⓮ 选中"Link One.mov"图层，选择"效果"→"透视"→"投影"选项，设置"阴影颜色"为"R:110，G:0，B:31"，"不透明度"为"60%"，"方向"为"0x+200.0°"，"距离"值为"3.0"。

Step⓯ 选中"Link One.mov"图层，选择"效果"→"透视"→"斜面 Alpha"选项，设置"灯光强度"为"0.3"。继续选中该图层，选择"效果"→"色彩校正"→"曲线"选项，调整 RGB 通道的曲线，如图 3-7 所示。

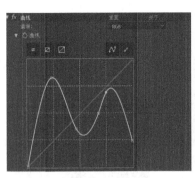

图 3-7 曲线特效调整

Step⑯ 选中"Link One.mov"图层,选择"效果"→"颜色校正"→"照片滤镜"选项,设置"滤镜类型"为"黄色","密度"为"100%"。

Step⑰ 为"Link One.mov"图层的"不透明度"属性添加关键帧动画。第 0 帧,设置"不透明度"值为"0%";第 15 帧,设置"不透明度"值为"100%"。这时文字产生透明度的变化。最终预览效果如图 3-8 所示。

图 3-8 最终预览效果

拓展训练

参照本书资料中的样片效果,利用资料中提供的素材,制作一个其他风格的金属质感文字动画效果。

任务 2 制作镜头着色效果

任务目标

掌握使用"色相/饱和度"效果来实现素材快速着色的方法。

任务导引

本任务主要讲解镜头着色相关技术。通过本任务的学习，读者可以掌握 AE 中的素材色调优化处理技术。镜头着色效果如图 3-9 所示。

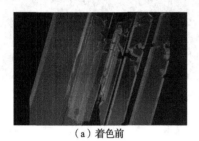

（a）着色前　　　　　　　　　　　　（b）着色后

图 3-9　镜头着色效果

知识准备

【知识点】"色相/饱和度" 参数

- 通道控制：用来控制受特效影响的通道，有主通道、红色、黄色、绿色、青色、蓝色、洋红 7 个通道；若设置遮罩，则会影响所有的通道，否则只影响单个通道。

- 通道范围：设置受影响通道的色彩范围，上方色带表示调节前的颜色范围，下方色带表示调节后的颜色范围。

- 主色相：用来控制指定颜色通道的色调，即改变某个颜色的色调，如替换图像画面中某个颜色（前提是没有其他颜色的干扰）。

- 饱和度：设置通道饱和度数值。当数值为-100 时，图像变成灰度图；当数值为+100 时，图像呈现像素化效果。

- 亮度：用来设置通道亮度数值。当数值为-100 时，全黑；当数值为+100 时，全白。

- 彩色化：用来控制是否将指定图像做单色化处理，选中"彩色化"复选框后，画面成为单色，后面 3 个选项被激活。

- 着色色相：用来控制单色的色相，将灰阶图像转换为彩色图像。

- 着色饱和度：用来控制彩色化图像的饱和度。

- 着色亮度：用来控制彩色化图像的亮度。

任务实施

Step❶ 启动 AE。

Step❷ 新建一个项目文件。

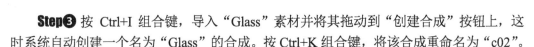

Step❸ 按 Ctrl+I 组合键，导入"Glass"素材并将其拖动到"创建合成"按钮上，这时系统自动创建一个名为"Glass"的合成。按 Ctrl+K 组合键，将该合成重命名为"c02"。

Step❹ 在"c02"合成中，将"Glass"图层重命名为"world-map.mov"。

Step❺ 按 Ctrl+Y 组合键，新建一个纯黑色图层并命名为"background"。选中该图层，选择"效果"→"生产"→"四色渐变"选项，修改"点1""点2""点3""点4"的位置，设置"颜色1"和"颜色2"为"黑色"，"颜色3"为"淡蓝色"，"颜色4"为"R:10，G:14，B:18"，如图 3-10 所示。

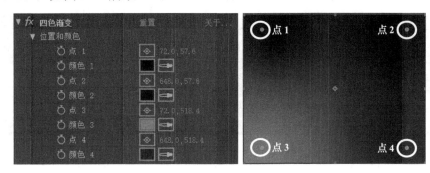

图 3-10　添加"四色渐变"特效

Step❻ 将"background"图层放置到最底层，修改"world-map.mov"图层的叠加模式为"相加"。选中"world-map.mov"图层，选择"效果"→"颜色校正"→"亮度/对比度"选项，设置"亮度"为"33.0"，"对比度"为"50.0"，选中"使用旧版"复选框。

Step❼ 选中"world-map.mov"图层，选择"效果"→"颜色校正"→"色相/饱和度"选项，选中"彩色化"复选框，设置"着色色相"为"0x+40.0°"，"着色饱和度"为"70"。"色相/饱和度"特效效果如图 3-11 所示。

图 3-11　"色相/饱和度"特效效果

Step❽ 选中"world-map.mov"图层，按 Ctrl+D 组合键，复制一个新图层并命名为"world-map.mov 2"，设置"world-map.mov 2"图层的叠加模式为"屏幕"，"不透明度"为"50%"。

Step❾ 按 Ctrl+I 组合键，导入"Glass"素材并将其拖动到"c02"合成时间线上，将"Glass"素材图层重命名为"mask.mov"。

Step❿ 按 Ctrl+I 组合键，导入"[地球贴图.tif]"素材，将其拖动到"c02"合成时间线上，并移动到"mask.mov"图层的下方。设置该图层的叠加模式为"相加"，"不透明度"为"80%"。

Step⓫ 为"[地球贴图.tif]"图层的"位置"属性添加关键帧动画。第 0 帧，设置"位置"为"−5.0，296.0"，如图 3-12 所示；第 3 秒，设置"位置"为"200.0，296.0"。

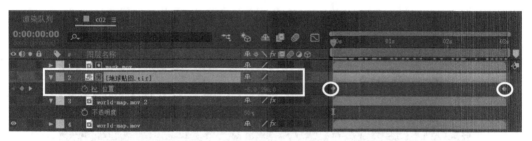

图 3-12　为"[地球贴图.tif]"图层的"位置"属性添加关键帧动画

Step⓬ 为"[地球贴图.tif]"图层添加轨道遮罩。设置该图层的轨道遮罩为"Alpha遮罩'mask.mov'"，如图 3-13 所示。

图 3-13　为"[地球贴图.tif]"图层添加轨道遮罩

Step⓭ 最终预览效果如图 3-14 所示。

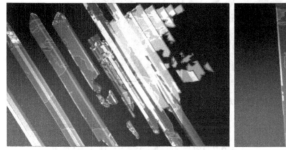
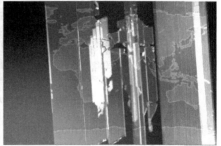

图 3-14　最终预览效果

※ 拓展训练

参照本书资料中的样片效果，利用资料中提供的素材，制作一个其他风格的镜头着色效果。

任务 3 制作老电影效果

※ 任务目标

掌握"三色调""色阶""毛边"效果的应用。

※ 任务导引

本任务主要讲解"三色调"效果在色彩校正方面的应用。通过本任务的学习，读者能够更好地掌握将画面处理成旧画面效果的技术。老电影效果如图 3-15 所示。

（a）处理前   （b）处理后

图 3-15 老电影效果

※ 知识准备

【知识点 1】"色阶"效果

色阶可以通过改变输入颜色的级别来获取一个新的颜色范围，以达到修改视频画面亮度和对比度的目的。

【知识点 2】"色阶"参数

● 通道：受影响的色阶，有 RGB、红色、绿色、蓝色、Alpha 5 个通道。

● 直方图：显示图像中像素的分布状态，水平方向表示亮度值，垂直方向表示该亮度值的像素数量；带有波形图的，其下方的 3 个滑块与下面数值一一对应，分别是输入黑色、灰度系数和输入白色，波形图下方的带两个滑块的黑白渐变的滑块分别与输出黑色和输出白色对应。

● 输入/输出黑色：用来控制图像中黑色的阈值输入/输出。

● 输入/输出白色：用来控制图像中白色的阈值输入/输出。

● 灰度系数：控制图像影调在阴影区和高光区的相对值，主要影响中间色，改变整个图像的对比度。

※任务实施

Step① 启动 AE。

Step② 新建一个项目文件。

Step③ 新建一个合成。选择"合成"→"新建合成"选项，在弹出的"合成设置"对话框中，设置"合成名称"为"老电影效果"，"预设"为"自定义"，"宽度"为"720px"，"高度"为"405px"，"像素长宽比"为"方形像素"，"持续时间"为"0:00:03:00"，单击"确定"按钮。

Step④ 按 Ctrl+I 组合键，导入"素材 1"并将其拖动到"老电影效果"合成时间线上。

Step⑤ 选中"素材 1"图层，选择"效果"→"颜色校正"→"三色调"选项；再次选中该图层，选择"效果"→"颜色校正"→"色阶"选项，设置"灰度系数"为"1.3"。此时画面效果如图 3-16 所示。

Step⑥ 按 Ctrl+I 组合键，导入"划纹 01"素材并将其拖动到"老电影效果"合成时间线上。设置"划纹 01"图层的叠加模式为"屏幕"。继续选中该图层，选择"效果"→"颜色校正"→"色阶"选项，在 RGB 通道中设置"灰度系数"为"0.35"。

Step⑦ 按 Ctrl+I 组合键，导入"划纹 02"素材并将其拖动到"老电影效果"合成时间线上。设置"划纹 02"图层的叠加模式为"屏幕"。

Step⑧ 选中"划纹 02"图层，选择"效果"→"颜色校正"→"色阶"选项，在 RGB 通道中设置"灰度系数"为"0.4"。此时画面效果如图 3-17 所示。

图 3-16　添加"三色调"和"色阶"效果后的画面效果

图 3-17　添加划纹后的画面效果

Step❾ 按 Ctrl+Y 组合键，新建一个纯色图层并命名为"边缘"，将图层颜色设置为 "R:107，G:82，B:55"。选中该图层，选择"效果"→"风格化"→"毛边"选项，设置"边缘"为"影印"，"复杂程度"为"3"。

Step❿ 为"毛边"效果中的"演化"属性添加表达式"time*300"，如图 3-18 所示。

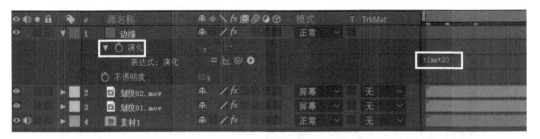

图 3-18　为"演化"属性添加表达式

Step⓫ 选中"边缘"图层，设置"不透明度"为"50%"，老电影效果制作完成。最终预览效果如图 3-19 所示。

图 3-19　最终预览效果

▒拓展训练

参照本书资料中的样片效果，利用资料中提供的素材，制作一个其他风格的老电影效果。

任务 4　制作雪后美景效果

▒任务目标

掌握"色彩校正"中的"查找边缘""模糊""色相/饱和度"等特效的组合运用。

※任务导引

本任务主要讲解"查找边缘""快速模糊""高斯模糊""线性颜色键"等色彩校正特效的组合运用技巧，并制作一个雪后美景效果。雪后美景效果如图 3-20 所示。

图 3-20　雪后美景效果

※知识准备

【知识点】模糊特效

- 通道模糊：可以根据画面的颜色分布分别进行模糊，而不是对整个画面进行模糊，提供了更大的模糊灵活性，如生成模糊发光效果。
- 混合模糊：依据某一图层（可以在当前合成中选择）画面的亮度值对该图层进行模糊处理，或者为此设置模糊映射图层，也就是通过一个图层的亮度变化去控制另一个图层的模糊。图像所依据图层的画面亮度越高，模糊程度越强；画面亮度越低，模糊程度越弱。当然，也可以反过来进行设置。
- 快速模糊：用于设置图像的模糊程度。其与高斯模糊十分类似，但在大面积应用时速度更快。
- 高斯模糊：用于模糊和柔化图像，可以去除杂点，图层的质量设置对高斯模糊没有影响。高斯模糊能产生更细腻的模糊效果，尤其单独使用时。
- 运动模糊：这是一种十分具有动感的模糊效果，可以产生任何方向的运动幻觉。当图层为草稿质量时，应用图像边缘的平均值；当图层为最佳质量时，应用高斯模式的模糊，产生平滑、渐变的模糊效果。

※任务实施

Step❶ 启动 AE。
Step❷ 新建一个项目文件。

Step❸ 新建一个合成。选择"合成"→"新建合成"选项，在弹出的"合成设置"对话框中，设置"合成名称"为"调色"，"预设"为"PAL D1/DV"，"宽度"为"720px"，"高度"为"576px"，"像素长宽比"为"D1/DV PAL（1.09）"，"持续时间"为"0:00:02:00"，单击"确定"按钮。

Step❹ 按 Ctrl+I 组合键，导入"花"和"阁楼"素材。

Step❺ 选中"湖心亭"素材，将其拖动到"调色"合成时间线上；再次选中"湖心亭"素材，选择"图层"→"变换"→"适配到合成"选项，调整"湖心亭"素材适配合成大小。

Step❻ 再次选中"湖心亭"素材，选择"效果"→"风格化"→"查找边缘"选项，设置"与原始图像混合"为"60%"，选中"反转"复选框；再次选中"湖心亭"素材，选择"效果"→"过时"→"快速模糊"选项，设置"模糊度"为"3.0"，如图 3-21 所示。添加"查找边缘"和"快速模糊"效果后的画面效果如图 3-22 所示。

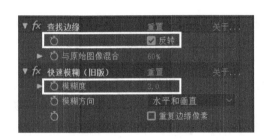 

图 3-21　"查找边缘"和"快速模糊"参数设置　　图 3-22　添加"查找边缘"和"快速模糊"
　　　　　　　　　　　　　　　　　　　　　　　　　　　　　效果后的画面效果

Step❼ 再次选中"湖心亭"素材，将其拖动到"调色"合成时间线上，选择"图层"→"变换"→"适配到合成"选项；再次选中"湖心亭"素材，选择"效果"→"色彩校正"→"色相/饱和度"选项，设置"主饱和度"为"-100"。此时图像呈现黑白色调。

Step❽ 选中上层的"湖心亭"素材，将其叠加模式设置为"相乘"，如图 3-23 所示。

Step❾ 为湖心亭添加积雪效果。按 Ctrl+Y 组合键，新建一个固态图层，设置其颜色为"R:219，G:203，B:220"，叠加模式为"颜色减淡"，"透明度"为"43%"。湖心亭积雪效果如图 3-24 所示。

图 3-23　叠加"湖心亭"素材　　　　　　　　图 3-24　湖心亭积雪效果

Step❿ 按 Ctrl+Y 组合键，新建一个固态图层，设置颜色为"R:221，G:225，B:250"。单击"钢笔工具"按钮，在该固态图层上绘制一个遮罩，效果如图 3-25 所示。

Step⓫ 添加雪后朦胧效果。打开该固态图层的"遮罩"选项下拉菜单，选中"反转"复选框，设置"蒙版羽化"为"150.0，150.0 像素"。雪后朦胧效果如图 3-26 所示。

图 3-25　遮罩效果

图 3-26　雪后朦胧效果

Step⓬ 按 Ctrl+I 组合键，导入"花"素材。选中"花"素材，选择"效果"→"键控"→"线性颜色键"选项。设置"主色"为"R:62，G:124，B:205"，"色彩容差"为"90"，"位置"为"200.0，362.0"，"缩放"为"100.0，−90.0%"，"旋转"为"0x+180.0°"。

Step⓭ 选中"花"素材图层，选择"效果"→"模糊与锐化"→"高斯模糊"选项，设置"模糊度"为"4.0"。按 Ctrl+D 组合键，复制一个新的"花"素材图层，删除新复制的"花"图层的"高斯模糊"特效，将该图层叠加模式设置为"变暗"。至此，雪后美景效果制作完成。最终预览效果如图 3-27 所示。

图 3-27　最终预览效果

✖ 拓展训练

参照本书资料中的样片效果，利用资料中提供的素材，制作一个其他风格的雪后美景的效果。

项目四　制作三维空间效果

任务 1　制作旋转的魔方

※任务目标

掌握使用三维空间技术搭建魔方的方法和技巧。

※任务导引

本任务主要讲解如何在 AE 中运用网格特效、摄像机动画、父级和链接，以及三维场景的搭建技术来搭建魔方，并且制作魔方运动的动画效果。旋转的魔方效果如图 4-1 所示。

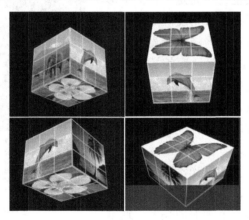

图 4-1　旋转的魔方效果

※知识准备

【知识点 1】三维图层的含义和开启

AE 所谓的三维只是具备 X、Y、Z 三个轴向的空间，不同于 3D Studio Max、Cinema 4D、MAYA 这些三维软件，它不能创建三维模型。通常 AE 的三维图层导入素材后不具备厚度，因此 AE 的三维图层也被形象地称为"片三维"。

AE 的三维图层只是在二维图层的基础上多了一维 Z 轴。默认情况下，AE 的图层是只具备 X、Y 轴的二维图层，要使用三维图层，先要打开其三维开关，如图 4-2 所示。

图 4-2　三维开关

【知识点 2】灯光的基本参数

打开三维开关之后，灯光和摄像机便会起作用，在时间线面板中右击，在弹出的快捷菜单中选择"新建"→"灯光"命令，在弹出的"灯光设置"对话框中可以发现 AE 中内置了平行、聚光、点、环境 4 种灯光类型。灯光参数如图 4-3 所示。

下面分别介绍这 4 种灯光类型。

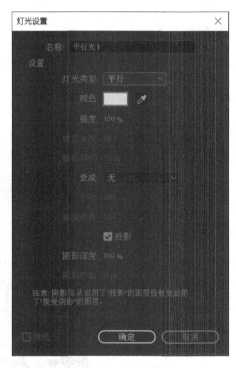

- 平行：这种类型的灯光可以理解为太阳光，其光照范围无限，可照亮场景中的任何地方且光照强度无衰减，能产生阴影，并且具有方向性。
- 聚光：这种类型的灯光是一种圆锥形发射光线，根据圆锥角度确定照射范围，容易生成有光区域和无光区域，同样能产生阴影，并且具有方向性。
- 点：这种类型的灯光从一个点向四周 360°发射光线，随着对象与光源距离的不同，受到的照射程度也不同，同样能产生阴影。
- 环境：这种类型的灯光没有发射点，不具有方向性，也不会产生阴影，通过它可以调整整个画面的亮度，通常和其他灯光配合使用。

图 4-3　灯光参数设置

任务实施

Step❶ 启动 AE。

Step❷ 新建一个项目文件。

Step❸ 新建一个合成。选择"合成"→"新建合成"选项，在弹出的"合成设置"对话框中，设置"合成名称"为"面"，"预设"为"自定义"，"宽度"为"450px"，"高度"为"450px"，"像素长宽比"为"D1/DV PAL（1.09）"，"持续时间"为"0:00:06:00"，单击"确定"按钮，如图 4-4 所示。

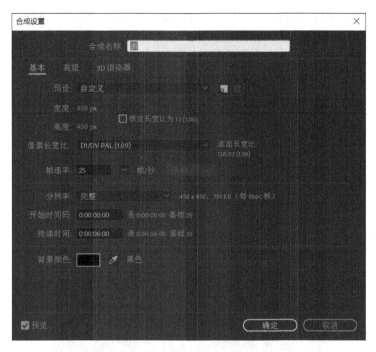

图 4-4　新建合成设置

Step❹ 在项目窗口中的空白处双击，在弹出的"导入文件"对话框中选择相关章节对应的素材，然后单击"导入"按钮，将这些素材导入 AE 中，如图 4-5 所示。

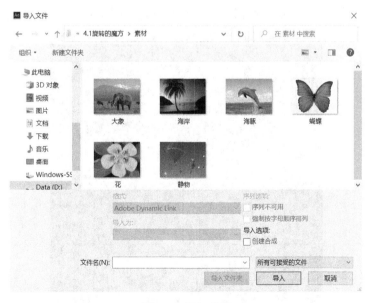

图 4-5　导入素材

Step⑤ 激活时间线面板，按 Ctrl+Y 组合键，新建一个纯黑色固态图层并命名为"框"。"框"图层的参数设置如图 4-6 所示。

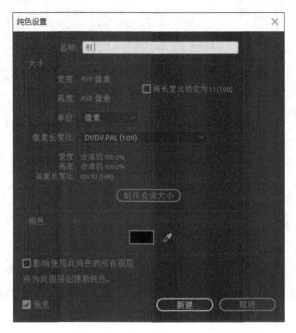

图 4-6　"框"图层的参数设置

Step⑥ 在时间线面板中选中"框"图层，选择"效果"→"生成"→"网格"选项，为其添加一个"网格"特效。"网格"特效参数设置如图 4-7 所示。

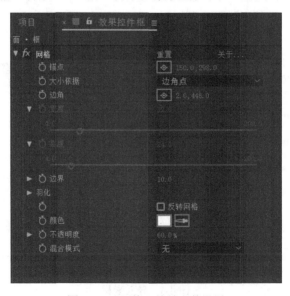

图 4-7　"网格"特效参数设置

Step❼ 在项目窗口中选中"大象.jpg"素材，将其拖动到时间线面板中，调整其大小使其与合成相适配，放置在"框"图层下方，如图 4-8 所示。

Step❽ 按 Ctrl+N 组合键，新建一个合成并命名为"面 1"。在合成"面"中选中"框"图层，按 Ctrl+C 组合键复制一个新图层，然后按 Ctrl+V 组合键将其粘贴到合成"面 1"中。

Step❾ 在项目窗口中选中"海岸.jpg"素材，将其拖动到合成"面 1"的时间线上，调整其大小使其与合成"面 1"相匹配，放置在"框"图层下方，如图 4-9 所示。

图 4-8　添加"大象.jpg"素材　　　　图 4-9　添加"海岸.jpg"素材

Step❿ 再次按 Ctrl+N 组合键，新建一个合成并命名为"面 2"。在合成"面"中选中"框"图层，将其复制到合成"面 2"中，再在项目窗口中选中"海豚.jpg"素材，将其拖动到合成"面 2"的时间线上，调整素材大小使其适配合成"面 2"，并放置到"框"图层下方，如图 4-10 所示。

图 4-10　添加"海豚.jpg"素材

Step⑪ 采用同样的方法，创建合成"面 3""面 4""面 5"，如图 4-11 所示。

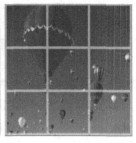

图 4-11　创建合成"面 3""面 4""面 5"

Step⑫ 再次新建一个合成。选择"合成"→"新建合成"选项，在弹出的"合成设置"对话框中，设置"合成名称"为"旋转的魔方"，"预设"为"PAL D1/DV"，"宽度"为"720px"，"高度"为"576px"，"像素长宽比"为"D1/DV PAL（1.09）"，"持续时间"为"0:00:06:00"，背景颜色为黑色，单击"确定"按钮。

Step⑬ 在项目窗口中，将前面创建的 6 个合成影像拖动到时间线面板中，然后打开其三维开关，如图 4-12 所示。

图 4-12　打开合成的三维开关

Step⑭ 搭建魔方效果分别设置 6 个合成的参数，使其形成一个正方体。设置合成"面"的定位点为"225，225，0"，"位置"为"356.5，54.8，-10.7"，"X 轴旋转"为"0x+90.0°"；设置合成"面 1"的定位点为"225，225，0"，"位置"为"360，507，0"，"X 轴旋转"为"0x+90.0°"；设置合成"面 2"的定位点为"225，225，0"，"位置"为"360，281.4，223.4"；设置合成"面 3"的定位点为"225，225，0"，"位置"为"360，285.8，-230"；设置合成"面 4"的定位点为"225，225，0"，"位置"为"134.7，283.6，-4.1"，"Y 轴旋转"为"0x+90.0°"；设置合成"面 5"的定位点为"225，225，0"，"位置"为"585.9，280.8，-5.3"，"Y 轴旋转"为"0x+90.0°"。搭建的魔方效果如图 4-13 所示。

Step⑮ 在时间线面板中右击项目栏，在弹出的快捷菜单中选择"列数"→"父级和链接"命令，如图 4-14 所示，打开"父级和链接"面板。

图 4-13　搭建的魔方效果

图 4-14　项目栏快捷菜单

Step⑯ 在打开的"父级和链接"面板中，单击合成"面 1"三维开关右侧的螺旋按钮，按住鼠标左键，将其拖动到合成"面"上，使两个合成建立父子关系，如图 4-15 所示。

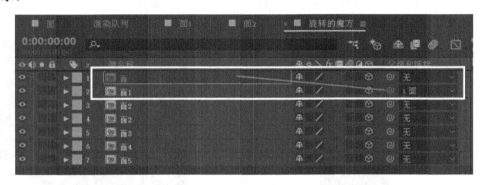

图 4-15　合成"面 1"与合成"面"建立父子链接

Step⑰ 对其他合成进行相同的操作，使它们分别与合成"面"建立父子关系，形成一个整体，效果如图 4-16 所示。

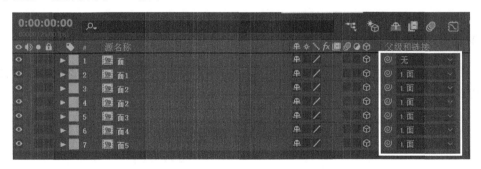

图 4-16　其他合成与合成"面"建立父子链接

Step⑱ 在时间线面板中选中合成"面"，按 R 键打开其旋转属性菜单，当时间指针指向第 0 帧时，单击"Y 轴旋转"属性前的"码表"按钮，记录关键帧；然后将时间指针调整到最后一帧，设置"Y 轴旋转"为"2x+0.0°"，记录关键帧，如图 4-17 所示。

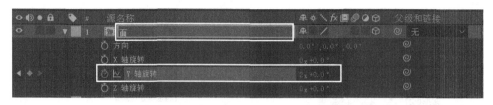

图 4-17 添加 "Y 轴旋转" 关键帧动画

Step⑲ 激活时间线面板，按 Ctrl+Alt+Shift+C 组合键，创建一个 "摄影机 1" 图层。

Step⑳ 将合成影像窗口中的视角设置为 "摄像机 1"，如图 4-18 所示。在时间线面板中选中 "摄像机 1" 图层，设置 "位置" 为 "-2000.0，1700.0，-1850.0"，第 0 帧时，单击 "位置" 前的 "码表" 按钮，记录关键帧；5 秒 24 帧，设置 "位置" 为 "-850.0，-900.0，30.0"，单击 "位置" 前的 "码表" 按钮，记录关键帧。

Step㉑ 至此，旋转的魔方动画制作完成。最终预览效果如图 4-19 所示。

图 4-18 将合成影像窗口中的视角设置为 "摄像机 1"

图 4-19 最终预览效果

※拓展训练

参照本书资料中的样片效果，利用资料中提供的素材，制作一个其他六面图形的旋转魔方动画。

任务 2 制作三维动态文字

※任务目标

学习使用 AE 中自带的三维功能，搭建三维场景，制作三维动态文字。

※任务导引

本任务主要讲解将文字转换为三维空间，结合灯光、摄像机等功能，制作三维动态文字的方法和技巧。三维动态文字效果如图 4-20 所示。

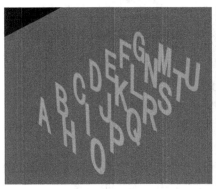 

图 4-20　三维动态文字效果

※知识准备

【知识点 1】灯光的基本参数

- 光照强度（intensity）：该参数的值越高，光照越强。当其参数值设置为负值时可产生吸光效果，当场景里有其他灯光时可通过此功能降低光照强度。
- 圆锥角度（cone angle）：当灯光类型为"聚光"时此项激活，相当于聚光灯的灯罩，可以控制光照范围和方向。
- 灯罩羽化（cone feather）：与"圆锥角度"参数配合使用，为聚光灯照射区域和非照射区域的边界设置柔和的过渡效果，其值越大，边缘越柔和。
- 灯光颜色（color）：单击色块可以在颜色框中选择所需颜色。
- 投射阴影（casts shadows）：只有被灯光照射的三维图层的材质属性中的"Cast Shadows"开关打开时才可以产生投影，默认此项关闭。
- 阴影深度（shadow darkness）：可调节阴影的黑暗程度。
- 阴影扩散（shadow diffusion）：可以设置阴影边缘羽化程度，其值越高，边缘越柔和。

【知识点 2】摄影机的创建

摄像机的创建方法与灯光类似，在时间线面板中右击，在弹出的快捷菜单中选择"新建"→"摄像机"命令，如图 4-21 所示，即可创建一个摄像机图层。

任务实施

Step❶ 启动 AE。

Step❷ 新建一个项目文件。

Step❸ 新建一个合成。选择"合成"→
"新建合成"选项，在弹出的"合成设置"对
话框中，设置"合成名称"为"三维文字"，
"预设"为"PAL D1/DV"，"宽度"为"720px"，
"高度"为"576px"，"像素长宽比"为"D1/DV

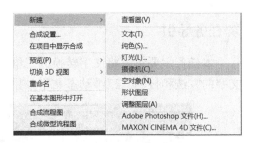

图 4-21 选择"新建"→"摄像机"选项

PAL（1.09）"，"持续时间"为"0:00:05:00"，单击"确定"按钮。

Step❹ 按 Ctrl+Y 组合键，创建一个固态图层，设置颜色为"R:10，G:100，B:75"，
其他参数设置保持不变。

Step❺ 单击"横排文字工具"按钮，新建一个文字层，输入文字"ABCDEFGH"，
设置"字体"为"黑体"，"颜色"为"白色"，"大小"为"90 像素"。

Step❻ 在时间线面板中空白处右击，在弹出的快捷菜单中选择"新建"→"摄像机"
命令，新建一个摄像机图层。设置"预设"为"28 毫米"，"缩放"为"216.13 毫米"，
"视角"为"65.47°"，"胶片大小"为"36.00 毫米"，"焦距"为"28.00 毫米"，单击"确
定"按钮，如图 4-22 所示。

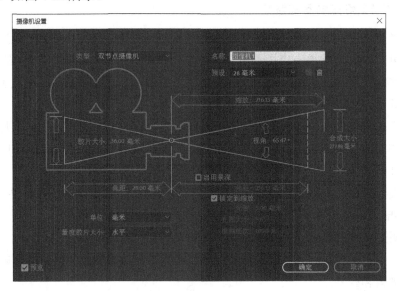

图 4-22 摄像机设置

Step❼ 打开文字层和固态图层的三维开关，选中固态图层，设置"缩放"为"300.0，
300.0，300.0%"，"方向"为"270.0，0.0，0.0"。将视图方式切换为自定义摄像机视图，
观察透视效果。

Step❽ 为文字层添加动画。选中文字层，单击右侧的"动画"按钮，在弹出的菜单中选择"启用逐字 3D 化"命令，如图 4-23 所示，此时三维选项处出现 2 个小方块。

Step❾ 选中文字层，单击右侧的"动画"按钮，在弹出的菜单中选择"旋转"命令，添加"动画制作工具 1"。选择"动画制作工具 1"→"范围选择器 1"选项，设置"X 轴旋转"为"0x-90.0°"，"Y 轴旋转"为"0x+90.0°"，"Z 轴旋转"为"0x+90.0°"，如图 4-24 所示。

图 4-23　启用逐字 3D 化　　　　图 4-24　"范围选择器 1"选项设置

Step❿ 按照同样的操作，添加"动画制作工具 2"。选择"动画制作工具 2"→"范围选择器 1"选项，设置"Y 轴旋转"为"0x-90.0°"。为文字设置一个依次旋转倒下的动画。第 0 帧，选择"动画制作工具 2"→"范围选择器 1"选项，单击"偏移"前的"码表"按钮，设置"偏移"为"-100%"；第 1 秒，设置"偏移"为"0%"，此时文字产生依次倒下的动画效果，如图 4-25 所示。

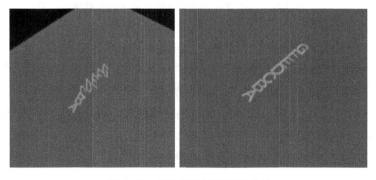

图 4-25　文字依次倒下动画效果

Step⓫ 选中文字层，按两次 Ctrl+D 组合键，复制两个新的文字层，调整这两个文字图层的位置，将其"位置"属性的"Z 轴"向分别设为"100"和"–100"，将第二行文字层内容修改为"HIJKLMN"，将第三行文字层内容修改为"OPQRSTU"。将这三个文字层的关键帧动画分别错开，如图 4-26 所示，即产生三个文字层的文字依次倒下的动画效果，如图 4-27 所示。

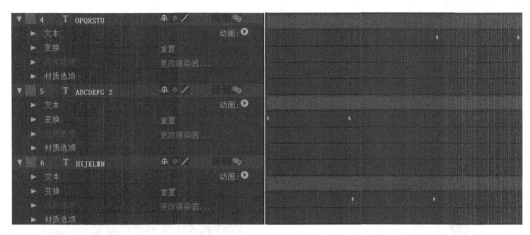

图 4-26　将三个文字层的关键帧动画分别错开

图 4-27　三个文字层的文字依次倒下动画效果

Step⓬ 在时间线面板中右击，在弹出的快捷菜单中选择"新建"→"灯光"命令，新建一个灯光图层并命名为"点光 1"，设置"灯光类型"为"点"，"颜色"为"白色"，"强度"为"288%"，选中"投影"复选框，单击"确定"按钮。选中"点光 1"图层，设置"位置"为"120.0，0.0，180.0"。此时场景比较暗。再次新建一个灯光图层并命名为"环境光 1"，设置"灯光类型"为"环境"，"颜色"为"白色"，"强度"为"30%"，增强场景中灯光亮度。两个灯光图层参数设置如图 4-28 所示。

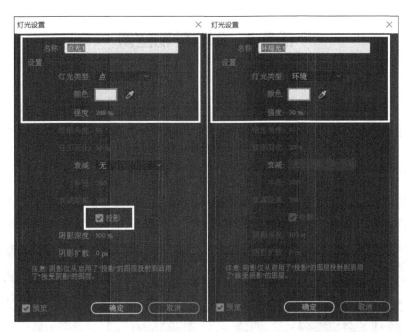

图 4-28 两个灯光层参数设置

Step⑬ 选中 3 个文字层，打开"材质"选项的下拉菜单，设置"投影"为"打开"。这样文字在平面上就产生了投影效果。

Step⑭ 设置"视图方式"为"摄像机视图"。选中"摄像机 1"图层，第 0 帧，设置"目标兴趣点"为"275，255，0"，"位置"为"150.0，200.0，–30.0"；第 4 秒 24 帧，设置"目标兴趣点"为"360，288，0"，"位置"为"200.0，200.0，–200.0"。至此，三维动态效果制作完成。最终预览效果如图 4-29 所示。

图 4-29 最终预览效果

▧拓展训练

参照本书资料中的样片效果，利用资料中提供的素材，制作一个其他风格的动态三维文字效果。

任务 3   制作神秘空间

▓ 任务目标

掌握使用"动态拼贴"效果和摄像机制作神秘空间动画效果的方法和技巧。

▓ 任务导引

本任务主要讲解"动态拼贴"效果的应用，以及三维场景的搭建技术。通过本任务的学习，读者可以掌握 3D 空间特效的制作技巧。神秘空间动画效果如图 4-30 所示。

图 4-30　神秘空间动画效果

▓ 知识准备

【知识点】"动态拼贴"效果参数

AE 中默认的原始纹理宽和高均为 100，保持原始比例。

- 拼贴中心：原始纹理中心。
- 拼贴宽度：原始纹理宽度缩放比例。
- 拼贴高度：原始纹理高度缩放比例。
- 输出宽度：基于拼贴宽度决定原始纹理在纵轴方向的平铺次数。
- 输出高度：基于拼贴高度决定原始纹理在横轴方向的平铺次数。
- 镜像边缘：是否开启相邻纹理镜像效果。
- 相位：默认为纵轴隔行纹理进行 Y 轴平移。平移距离为相位角度/360×拼贴高度。当开启水平位移时，相位进行横轴隔行纹理平移。
- 水平位移：决定相位移动方向。

※**任务实施**

Step① 启动 AE。

Step② 新建一个项目文件。

Step③ 新建一个合成。选择"合成"→"新建合成"命令，在弹出的"合成设置"对话框中，设置"合成名称"为"神秘空间"，"预设"为"自定义"，"宽度"为"720px"，"高度"为"405px"，"像素长宽比"为"D1/DV PAL（1.09）"，"持续时间"为"0:00:03:00"，单击"确定"按钮。

Step④ 按 Ctrl+I 组合键，导入"背景"素材，将素材拖动到"神秘空间"合成的时间线上。打开"背景"图层的三维开关。

Step⑤ 选中"背景"图层，设置"位置"为"633.0，245.0，-132.0"，"方向"为"0.0°，270.0°，0.0°"，将当前"背景"图层重命名为"右"。选中"右"图层，按 3 次 Ctrl+D 组合键，复制 3 个新图层。从上到下依次重命名为"左""下""上"，如图 4-31 所示。

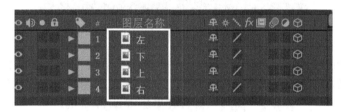

图 4-31 分别重命名后的 4 个图层

Step⑥ 搭建三维空间。设置"左"图层的"位置"为"193.0，234.5，-146.0"；设置"下"图层的"位置"为"402.0，466.5，37.0"，"方向"为"270.0°，0.0°，0.0°"；设置"上"图层的"位置"为"397.0，-5.5.0，70.0"，"方向"为"270.0°，0.0°，0.0°"。设置完后的效果如图 4-32 所示。

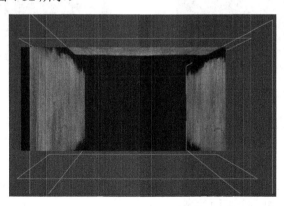

图 4-32 搭建的三维空间效果

Step❼ 搭建神秘空间。选中"右"图层，选择"效果"→"风格化"→"动态拼贴"选项，设置"输出宽度"为"500"。选中"上"图层，选择"效果"→"风格化"→"动态拼贴"选项，设置"输出高度"为"840"。选中"下"图层，选择"效果"→"风格化"→"动态拼贴"选项，设置"输出高度"为"840"。选中"左"图层，选择"效果"→"风格化"→"动态拼贴"选项，设置"输出宽度"为"500"。搭建的神秘空间效果如图 4-33 所示。

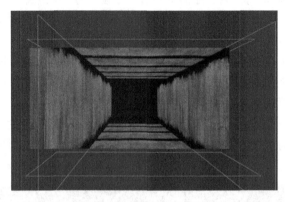

图 4-33　搭建的神秘空间效果

Step❽ 添加曲线特效。选中"右"图层，选择"效果"→"色相/饱和度"→"曲线"选项，调整各个通道，如图 4-34 所示。选中"右"图层的"曲线"特效，分别复制给"左""下""上"图层。"曲线"特效效果如图 4-35 所示。

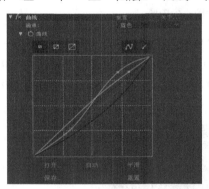

图 4-34　"右"图层的"曲线"特效设置

图 4-35　"曲线"特效效果

Step❾ 在时间线面板中右击，在弹出的快捷菜单中选择"新建"→"灯光"命令，新建一个灯光图层。设置"灯光类型"为"点"，"颜色"为"灰色"，"强度"为"280"，取消选中"投影"复选框。选中灯光图层，打开其"位置"选项的下拉菜单。第 0 帧，设置"位置"为"406.0，224.0，-575.0"；第 1 秒，设置"位置"为"406.0，170.0，625.0"。变换灯光位置可以增加整个画面的亮度。

Step⑩ 在时间线面板中右击，在弹出的快捷菜单中选择"新建"→"摄像机"选项，新建一个摄像机图层。设置"缩放"为"263 毫米"。为摄像机添加关键帧动画。第 0 帧，设置"目标点"为"397，234，-300"，"位置"为"397.0，234.0，-1050.0"；第 1 秒，设置"目标点"为"353，215，1405"，"位置"为"330.0，155.0，600.0"；第 3 秒，目标点无变化，设置"位置"为"330.0，157.0，700.0"。这时产生摄像机慢慢缓推的动画效果。

Step⑪ 单击"横排文字工具"按钮，新建一个文字层，文字内容为"神秘空间"，设置"颜色"为"深绿色"，"字号"为"70 像素"，"字间距"为"200"，并打开文本图层三维开关。设置该文字层的"位置"为"230.0，215.0，1200.0"。

Step⑫ 选中文字层，选择"效果"→"透视"→"投影"选项，设置"距离"为"2.0"，"柔和度"为"10.0"。至此，神秘空间效果制作完成。最终预览效果如图 4-36 所示。

图 4-36 最终预览效果

拓展训练

参照本书资料中的样片效果，利用资料中提供的素材，制作一个其他风格的神秘空间动画效果。

任务 4 制作场景阵列文字

任务目标

掌握 3D_text_creator（3D 文字创建）和 3D_text_creator_from_file（从文件中创建 3D 文字）两个脚本文件的运用。

任务导引

本任务主要讲解组合使用关键帧动画、摄像机动画、"镜头光晕"特效，以及脚本文件等方法，制作绚丽视频背景下的多层文字运动效果的方法和技巧。场景阵列文字效果如图 4-37 所示。

图 4-37　场景阵列文字效果

❖ 知识准备

【知识点】"镜头光晕"特效参数

- 光晕中心：设置创建光晕效果中心位置的坐标点。
- 光晕亮度：设置光晕产生的光线效果亮度。
- 镜头类型：定义不同镜头类型下的光晕效果。该选项提供了 3 种镜头。
- 与原始图像混合：调整添加的效果与原图像的混合程度，该选项的值越大，效果越不明显。当该选项的值为 100% 时，将不显示添加效果。

❖ 任务实施

Step❶ 启动 AE。

Step❷ 新建一个项目文件。

Step❸ 新建一个合成。选择"合成"→"新建合成"选项，在弹出的"合成设置"对话框中，设置"合成名称"为"3dtext"，"预设"为"PAL D1/DV 宽银幕方形像素"，"宽度"为"1050px"，"高度"为"576px"，"像素长宽比"为"方形像素"，"持续时间"为"0:00:10:00"，单击"确定"按钮。

Step❹ 在时间线面板中右击，在弹出的快捷菜单中选择"新建"→"摄像机"命令，新建一个摄像机图层，选中"启用景深"复选框，设置"缩放"为"467.00 毫米"，"焦距"为"45.39 毫米"，"光圈"为"26.00 毫米"，"光圈大小"为"1.7"，如图 4-38 所示。

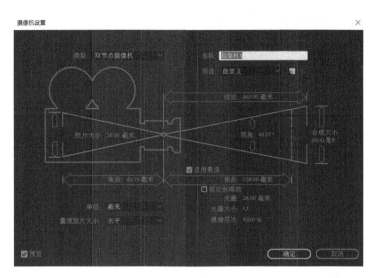

图 4-38　摄像机参数设置

Step⑤ 选择"文件"→"脚本"→"运行脚本文件"选项，在弹出的"打开"对话框中，选择"3D_text_creator_from_file"脚本，单击"打开"按钮，如图 4-39 所示。

图 4-39　导入脚本文件

Step⑥ 在弹出的"Select a text file to open."对话框中选择"文字"文件，并设置阵列的层数，单击"OK"按钮，即可运行脚本，如图 4-40 所示。

图 4-40　选择"文字"文件运行脚本

Step❼ 运行脚本后的工作界面如图 4-41 所示。

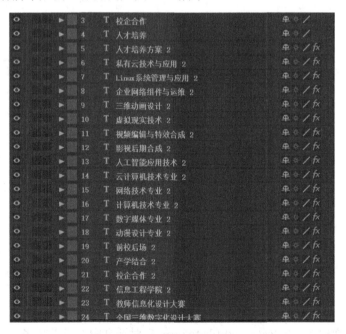

图 4-41　运行脚本后的工作界面

Step❽ 单击"横排文字工具"按钮，新建一个文字图层，输入文字"校企合作"，设置"字号"为"100像素"，"字体"为"宋体"，"颜色"为"白色"。再新建一个文字图层，输入文字"人才培养"，设置"字号"为"80像素"，"字体"为"宋体"，"颜色"为"白色"。打开这两个文字图层的三维开关。将"校企合作"文字层放在上方，设置"位置"为"520.0，380.0，5026.0"；将"人才培养"文字图层放在下方，设置"位置"为"520.0，274.0，5026.0"，如图4-42所示。

图4-42　创建两个文字层

Step❾ 按Ctrl+Y组合键，新建一个固态图层并命名为"BG"，设置"颜色"为"黑色"。选中"BG"图层，选择"效果"→"生成"→"梯度渐变"选项，打开"梯度渐变"选项的下拉菜单，设置"渐变起点"为"572.0，676.0"，"起始颜色"为"深蓝色（R:8，G:11，B:43）"，"渐变终点"为"568.0，-194.0"，"结束颜色"为"深紫色（R:53，G:40，B:50）"，如图4-43所示。将"BG"图层放置到最底层。

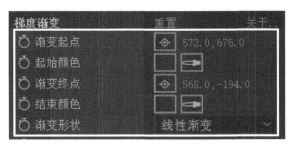

图4-43　"BG"图层"梯度渐变"参数设置

Step❿ 为"摄像机"图层的"目标点"和"位置"属性添加关键帧动画。第0帧，设置"目标兴趣点"为"525，288，-5436"，"位置"为"525.0，288.0，-6456.0"；第3秒，设置"目标兴趣点"为"525，288，4808"，"位置"为"525.0，288.0，3897.0"。

Step⓫ 在顶视图中，将两个文字层一起向上推到最上（摄像机跟前），使摄像机在第3秒处显示这两个文字层。

Step⓬ 按 Ctrl+Y 组合键，新建一个纯黑色固态图层并命名为"光晕"。选中"光晕"图层，选择"效果"→"生成"→"镜头光晕"选项。为"光晕中心"属性添加关键帧动画。第 0 帧，设置"光晕中心"为"-138.0，104.0"；第 2 秒 17 帧，设置"光晕中心"为"1192.0，114.0"，修改该图层的叠加方式为"相加"。至此，场景阵列文字动画制作完成。最终预览效果如图 4-44。

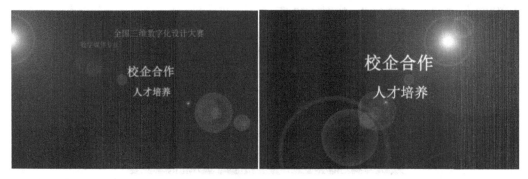

图 4-44 最终预览效果

▓拓展训练

参照本书资料中的样片效果，利用资料中提供的素材，制作一个其他风格的场景阵列文字动画效果。

项目五　制作常规特效

任务 1　制作百叶窗效果

※任务目标

掌握"轴心点"、"蒙版"和"表达式"效果的组合应用。

※任务导引

本任务主要讲解"滑块"、"蒙版"、"表达式"及"轴心点"效果的组合应用方法。通过本任务的学习,读者可以掌握百叶窗效果的制作技术。百叶窗效果如图 5-1 所示。

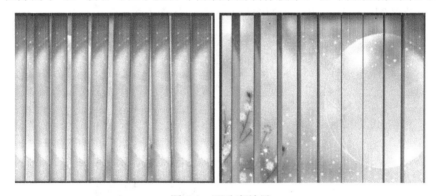

图 5-1　百叶窗效果

※知识准备

【知识点 1】遮罩概念

概念:遮罩(mask)就像一把剪刀,把素材中需要的部分保留下来,把不需要的部分剪掉。

【知识点 2】绘制工具

绘制遮罩的工具是钢笔工具,其用法与 Photoshop 类似,同时 AE 还内置了矩形、圆形等常用的形状工具。

※任务实施

Step① 启动 AE。

Step② 新建一个项目文件。

Step③ 新建一个合成。选择"合成"→"新建合成"选项，在弹出的"合成设置"对话框中，设置"合成名称"为"定版"，"预设"为"自定义"，"宽度"为"960px"，"高度"为"540px"，"像素长宽比"为"方形像素"，"持续时间"为"0:00:05:00"，单击"确定"按钮。

Step④ 按 Ctrl+Y 组合键，导入素材并将其拖动到"定版"合成时间线上。

Step⑤ 再次新建一个合成。选择"合成"→"新建合成"选项，在弹出的"合成设置"对话框中，设置"合成名称"为"百叶窗效果"，"预设"为"自定义"，"宽度"为"960px"，"高度"为"540px"，"像素长宽比"为"方形像素"，"持续时间"为"0:00:05:00"，单击"确定"按钮。

Step⑥ 将"定版"合成拖动到"百叶窗效果"合成的时间线上。选中"定版"合成，将其重命名为"定版 1"。打开"定版 1"图层的三维开关，设置"缩放"为"105.0，105.0，105.0%"，将该图层的轴心点移动到图片左上角，如图 5-2 所示。

图 5-2　将轴心点移动到图片左上角

Step⑦ 选择"图层"→"新建"→"空对象"选项，新建一个虚拟图层并命名为"空 1"。选中"空 1"图层，选择"效果"→"表达式控制"→"滑块控制"选项。为"滑块"属性添加关键帧动画。第 0 帧，设置"滑块"为"84.00"；第 2 秒 1 帧，设置"滑块"为"0.00"。

Step⑧ 选中"定版 1"图层，选择"变换"→"Y 轴旋转"选项，按住 Alt 键的同时，单击"Y 轴旋转"属性前的"码表"按钮，将其链接到"空 1"图层"滑块控制"效果的"滑块"属性上，如图 5-3 所示。按住 Alt 键的同时，单击"Y 轴旋转"前的"码表"按钮，添加表达式 thiscomp.layer（"空白 1"）.effect（"滑块控制"）（"光标"）。

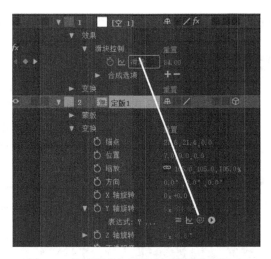

图 5-3　将"码表"链接到"滑块"属性上

Step❾ 选中"定版 1"图层，选择"变换"→"Z 轴旋转"选项，为"Z 轴旋转"属性添加表达式，表达式内容为"wiggle（0.5,3)"；如图 5-4 所示。

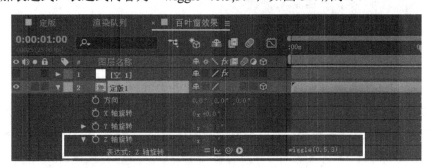

图 5-4　为"Z 轴旋转"属性添加表达式

Step❿ 选中"定版 1"图层，单击"矩形工具"按钮，绘制一个矩形蒙版，如图 5-5 所示。暂时关闭"定版 1"图层的三维开关。

图 5-5　绘制矩形蒙版

Step⑪ 选中"定版 1"图层，选择"图层"→"图层样式"→"投影"选项，设置"大小"为"40"。再次选中"定版 1"图层，选择"图层"→"图层样式"→"斜面与浮雕"选项。再次选中"定版 1"图层，按 Ctrl+D 组合键，复制一个新的图层并命名为"定版 2"，将"定版 2"图层放置到"定版 1"图层下方，将"定版 2"图层向右移动，调整到适当位置，其效果如图 5-6 所示。以此类推，再次选中"定版 1"图层，复制多个新图层，并分别命名为"定版 3""定版 4""定版 5"……完成画面其余部分的制作，如图 5-7 所示。

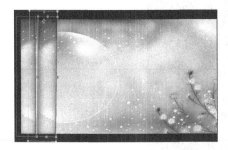

图 5-6　复制一个图层的效果

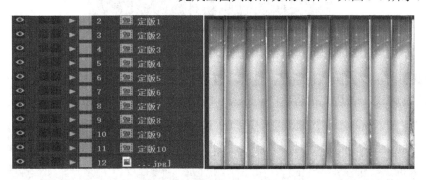

图 5-7　复制多个图层的效果

Step⑫ 按 Ctrl+I 组合键，再次导入"百叶窗"素材，将其拖动到"百叶窗效果"合成时间线上，并放置在最底层，百叶窗效果即制作完成。最终预览效果如图 5-8 所示。

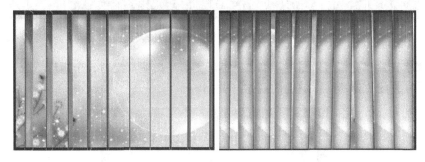

图 5-8　最终预览效果

❖拓展训练

参照本书资料中的样片效果，利用资料中提供的素材，制作一个其他背景图片的百叶窗效果。

任务2 制作镜头切换效果

※任务目标

掌握使用"卡片擦除"特效制作图片之间的翻转过渡效果，以及使用"投影"特效制作阴影效果的方法和技巧。

※任务导引

本任务主要讲解"卡片擦除（card wipe）"效果的高级应用。通过对本任务的学习，读者可以轻松掌握卡片翻转效果，以及转场切换效果的制作方法。镜头切换效果如图5-9所示。

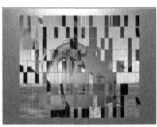

图5-9 镜头切换效果

※知识准备

【知识点1】"卡片擦除"特效介绍

"卡片擦除"特效可以将图像分解成多个小卡片形状以达到转场的效果。该特效功能十分强大，它拥有自己的摄像机、灯光和材质系统，可以创建出千变万化的转场效果。添加"卡片擦除"特效前后效果的对比如图5-10所示。

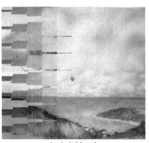

（a）添加前　　　　　　　　　　　　　　（b）添加后

图5-10 添加"卡片擦除"特效前后效果的对比

【知识点 2】"卡片擦除"特效部分参数介绍

- 过渡宽度：该参数控制图像转换宽度的百分比。
- 背景图层：在其下拉列表中可以选择转换以后要出现的图层。
- 行数和列数：在该选项的下拉列表中可以选择两种卡片列和行的转换方式。其中，"独立"选项指不受约束的转换方式，"列跟随行"指列跟随行的转换方式。
- "行数"和"列数"选项：分别控制卡片行数和列数。
- 卡片缩放：设置卡片的大小。
- 翻转轴：设置卡片翻动的轴向，共有"X"、"Y"和"随机"3 个轴向可供选择。

❖ 任务实施

Step❶ 启动 AE。

Step❷ 新建一个项目文件。

Step❸ 新建一个合成。选择"合成"→"新建合成"选项，在弹出的"合成设置"对话框中，设置"合成名称"为"镜头切换 01"，"预设"为"自定义"，"宽度"为"640px"，"高度"为"480px"，"像素长宽比"为"方形像素"，"持续时间"为"0:00:04:00"，单击"确定"按钮。

Step❹ 按 Ctrl+I 组合键，导入"图片 1.jpg""图片 2.jpg""底纹.jpg"素材，将全部素材拖动到"镜头切换 01"合成的时间线上。将"图片 1.jpg""图片 2.jpg"素材放置到上层，将"底纹.jpg"素材放置到最底层。

Step❺ 隐藏"图片 2.jpg"图层。选中"图片 1.jpg"图层，设置"缩放"为"79.0，90.0%"；选中"图片 2.jpg"图层，设置"缩放"为"177.0，117.0%"，如图 5-11 所示。

图 5-11　调整缩放属性

Step❻ 选中"图片 1.jpg"图层，选择"效果"→"过渡"→"卡片擦除"选项，设置"过渡宽度"为"17%"，"背面图层"为"2.图片"，"列数"为"31"，"翻转轴"为"随机"，"翻转方向"为"正向"，"翻转顺序"为"渐变"，"随机时间"为"1.00"；选择"摄像机位置"选项，设置"Z 位置"为"1.26"，"焦距"为"27.00"，如图 5-12 所示。

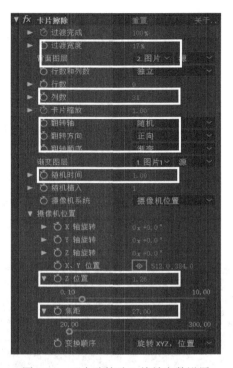

图 5-12　"卡片擦除"特效参数设置

Step❼ 添加关键帧动画。第 1 帧，设置"过渡完成"为"100%"；最后 1 帧，设置"过渡完成"为"0%"；第 0 帧，设置"卡片缩放"为"1.00"；第 20 帧，设置"卡片缩放"为"0.94"；最后 1 帧，设置"卡片缩放"为"1.00"，此时画面出现细微条纹效果，隐藏"图片 2.jpg"图层。至此，"卡片擦除"效果制作完成。最终预览效果如图 5-13 所示。

图 5-13　最终预览效果

❖拓展训练

参照本书资料中的样片效果，利用资料中提供的素材，制作一个其他图片素材的"卡片擦除"效果。

任务 3　制作万花筒效果

▓ 任务目标

掌握"CC 万花筒"、"色光"和"查找边缘"效果的组合应用。

▓ 任务导引

本任务主要讲解"CC 万花筒""分型噪波""彩色光""查找边缘"等特效的组合运用方法。通过本任务的学习，读者能够掌握万花筒效果的相关制作方法与技巧。万花筒效果如图 5-14 所示。

图 5-14　万花筒效果

▓ 知识准备

【知识点】图层的属性

"变换"是图层的基本属性之一，很多基本动画都是通过它来实现的。它包括轴心点、位置、缩放、旋转及不透明度等属性。在实际操作中，通常使用其快捷键进行操作，"不透明度"属性的快捷键为"T"，"轴心点"属性的快捷键为"A"，"位置"属性的快捷键为"P"，"缩放"属性的快捷键为"S"，"旋转"属性的快捷键为"R"。

▓ 任务实施

Step❶ 启动 AE。

Step❷ 新建一个项目文件。

Step❸ 新建一个合成。选择"合成"→"新建合成"选项，在弹出的"合成设置"对话框中，设置"合成名称"为"万花筒"，"预设"为"自定义"，"宽度"为"720px"，"高度"为"405px"，"像素长宽比"为"方形像素"，"持续时间"为"0:00:05:00"，单击"确定"按钮。

Step❹ 按 Ctrl+Y 组合键，新建一个固态图层并命名为"万花筒"，设置为纯黑色背景。选中"万花筒"图层，选择"效果"→"杂色和颗粒"→"分形杂色"选项，设置"分形类型"为"最大值"，选中"反转"复选框，设置"对比度"为"200"，"亮度"为"10"，"溢出"为"修剪"，选择"演化"选项，选中"循环演变"复选框。

Step❺ 为"演化"属性添加关键帧动画。第 0 帧，设置"演化"为"0*0.0°"；最后 1 帧，设置"演化"为"1*0.0°"。

Step❻ 选中"万花筒"图层，选择"效果"→"风格化"→"CC 万花筒"选项，设置"尺寸"为"100"，"镜像类型"为"海星"。CC 万花筒效果如图 5-15 所示。

Step❼ 选中"万花筒"图层，选择"效果"→"颜色校正"→"色光"选项。选择"输出循环"选项，分别调整色轮上色块的位置。设置 A 色块颜色为"R:1，G:89，B:228"，B 色块颜色为"R:1，G:1，B:82"，C 色块颜色为"R:0，G:0，B:0"，D 色块颜色为"R:252，G:252，B:252"，E 色块颜色为"R:179，G:232，B:249"，"色光"参数设置如图 5-16 所示。

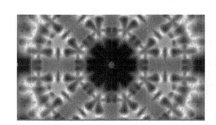

图 5-15　CC 万花筒效果

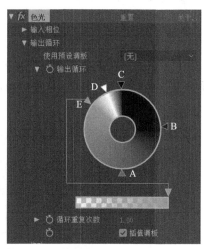

图 5-16　"色光"参数设置

Step❽ 选中"万花筒"图层，选择"效果"→"风格化"→"查找边缘"选项，选中"反转"复选框。至此，万花筒制作效果完成。最终预览效果如图 5-17 所示。

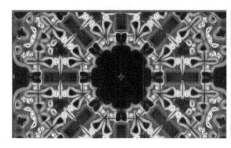

图 5-17　最终预览效果

≫拓展训练

参照本书资料中的样片效果，利用资料中提供的素材，制作一个其他花色和风格的万花筒效果。

任务 4　制作画面过渡效果

≫任务目标

掌握使用"镜头切换"效果制作图片之间的镜头切换效果，以及使用"投影"效果制作阴影效果的方法和技巧。

≫任务导引

本任务主要讲解"镜头切换"效果的制作方法。通过对任务的学习，读者可以掌握"投影"效果和"卡片翻转"效果的组合运用方法，有能力制作其他风格的画面过渡效果。画面过渡效果如图 5-18 所示。

图 5-18　画面过渡效果

≫知识准备

【知识点 1】遮罩工具介绍

遮罩实际是一条路径或轮廓图，用于修改图层的 Alpha 通道。遮罩可以遮住图层上不想显示的部分，只显示想显示的部分。应用遮罩前后效果的对比如图 5-19 所示。

（a）应用前   （b）应用后

图 5-19 应用遮罩前后效果的对比

【知识点2】遮罩工具使用

● 钢笔工具

在工具栏中单击"钢笔工具"按钮。在图层窗口中显示目标图层并选中目标图层。将鼠标指针指向目标图层的遮罩起始位置，单击即产生一个控制点（每单击一次，即产生一个控制点）；移动鼠标指针到第二个控制点的位置，单击即产生第二个控制点，它与上一个控制点以直线相连。绘制线段，通过单击第一个控制点或者双击最后一个控制点来封闭路径，如图 5-20 所示。

● 矩形工具

在工具栏中单击"矩形工具"按钮。在时间线面板中选择目标图层，然后在合成窗口中使该目标图层可见。将鼠标指针指向目标图层的遮罩起始位置，按住鼠标左键并拖动，在遮罩结束位置释放鼠标左键，即可绘制一个遮罩，如图 5-21 所示。拖动时，按住 Shift 键可以绘制一个正方形遮罩；按住 Ctrl 键可以从遮罩中心绘制遮罩。

图 5-20 使用"钢笔工具"绘制遮罩

图 5-21 使用"矩形工具"绘制遮罩

任务实施

Step❶ 启动 AE。

Step❷ 新建一个项目文件。

Step❸ 新建一个合成。选择"合成"→"新建合成"选项，在弹出的"合成设置"对话框中，设置"合成名称"为"镜头切换 02"，"预设"为"自定义"，"宽度"为"1024px"，"高度"为"768px"，"像素长宽比"为"方形像素"，"持续时间"为"0:00:04:00"，单击"确定"按钮。

Step❹ 按 Ctrl+I 组合键，导入"图片 1"和"图片 2"素材。将"图片 1"和"图片 2"素材拖动到"镜头切换 02"合成的时间线上。

Step❺ 选中"图片 2"图层，设置"缩放"为"64.0，64.0%"，隐藏"图片 2"图层。

Step❻ 选中"图片 1"图层，选择"效果"→"过渡"→"卡片擦除"选项。设置"过渡宽度"为"46%"，"背景图层"为"2.图片 2"，"行数"为"1"。

Step❼ 为"卡片擦除"效果的"过渡完成"属性添加关键帧动画。第 0 秒，设置"过渡完成"为"0%"；第 2 秒 14 帧，设置"过渡完成"为"100%"。

Step❽ 按 Ctrl+Y 组合键，新建一个固态图层并命名为"外框"，设置"宽度"为"640px"，"高度"为"480px"，颜色为浅灰色。再次选中"外框"图层，双击"矩形工具"按钮，绘制一个矩形蒙版。选择"蒙版"→"蒙版 1"选项，选中"反转"复选框，设置"蒙版扩展"为"-30.0 像素"，如图 5-22 所示。

图 5-22　蒙版设置及其画面效果

Step❾ 选中"图片 1""图片 2""外框"3 个图层，按 Ctrl+Shift+C 组合键，合并图层并命名为"[预合成 1]"，如图 5-23 所示。按 Ctrl+Y 组合键，再次新建一个固态图层并命名为"[背景]"，设置颜色为"灰色"。将"背景"图层放置到"[预合成 1]"图层下方。

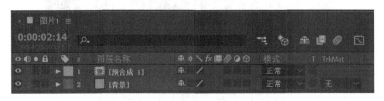

图 5-23　合并图层

Step❿ 隐藏"[预合成 1]"图层。选中"[背景]"图层，选择"效果"→"生成"→"渐变"选项，设置"渐变起点"为"395.0，260.0"，"起始颜色"为"白色"，"渐变终点"为"940.0，760.0"，"结束颜色"为"黑色"，"渐变形状"为"径向渐变"。

Step⓫ 打开"[预合成 1]"图层的三维开关。设置"位置"为"430.0，330.0，0.0"，"缩放"为"90.0，90.0，90.0%"，"X 轴旋转"为"0x-23.0°"，"Y 轴旋转"为"0x+25.0°"，"Z 轴旋转"为"0x+12.0°"，如图 5-24 所示。

图 5-24　设置各轴旋转值

Step⓬ 选中"[预合成 1]"图层，选择"效果"→"透视"→"阴影"选项。设置"阴影颜色"为"浅灰色"，"不透明度"为"65%"，"投影距离"为"23"，"柔和度"为"35"。至此，画面过渡效果制作完成。最终预览效果如图 5-25 所示。

图 5-25　最终预览效果

※拓展训练

参照本书资料中的样片效果，利用资料中提供的素材，制作一个其他风格的画面过渡效果。

项目六　制作高级特效

任务 1　制作定版动画效果

❋任务目标

掌握"碎片"特效的高级应用。

❋任务导引

本任务主要讲解如何综合运用"碎片""倒放设置""阴影""CC 放射状快速模糊"等效果，制作粒子最终汇聚为定版图片的动画效果。定版动画效果如图 6-1 所示。

图 6-1　定版动画效果

❋知识准备

【知识点 1】快速模糊

- 快速模糊：用于设置图像的模糊程度。它与高斯模糊十分类似，面对大面积应用场景时比高斯模糊的处理速度更快。
- 模糊度：用于设置模糊程度。
- 模糊方向：用于设置模糊方向，可以同时选择水平和垂直两个方向。

【知识点 2】高斯模糊

- 高斯模糊：用于模糊和柔化图像，可以去除杂点，图层的质量设置对高斯模糊没有影响。高斯模糊能产生更细腻的模糊效果，尤其在单独使用时。
- 其他参数同"快速模糊"。

◈**任务实施**

Step❶ 启动 AE。

Step❷ 新建一个项目文件。

Step❸ 新建一个合成。选择"合成"→"新建合成"选项，在弹出的"合成设置"对话框中，设置"合成名称"为"定版1"，"预设"为"自定义"，"宽度"为"720px"，"高度"为"405px"，"像素长宽比"为"方形像素"，"持续时间"为"0:00:06:00"，单击"确定"按钮。

Step❹ 按 Ctrl+I 组合键，导入"玫瑰花""背景""光"素材。

Step❺ 选中"玫瑰花"素材并将其拖动到时间线面板中。选中"玫瑰花"图层，设置"缩放"为"42.0，42.0%"。再次选中"玫瑰花"图层，选择"效果"→"键控"→"线性颜色键"选项，将其抠成透明背景。再次选中"玫瑰花"图层，打开透明栅格开关，选择"效果"→"透视"→"投影"选项，设置"距离"为"2"。

Step❻ 再次新建一个合成。选择"合成"→"新建合成"选项，在弹出的"合成设置"对话框中，设置"合成名称"为"定版散开1"，"预设"为"自定义"，"宽度"为"720px"，"高度"为"405px"，"像素长宽比"为"方形像素"，"持续时间"为"0:00:06:00"，单击"确定"按钮。

Step❼ 将项目窗口中的"定版1"合成拖动到"定版散开1"合成时间线上。选中"定版1"图层，选择"效果"→"模拟"→"碎片"选项，设置"视图"为"已渲染"；选择"形状"选项，设置"图案"为"玻璃"，"重复"为"110"，"凹凸深度"为"0.35"；选择"作用力1"选项，设置"强度"为0。

Step❽ 选择"渐变"选项，设置"碎片阈值"为"100%"，"渐变图层"为"1.定版1"。选择"物理学"选项，设置"旋转速度"为"1.00"，"随机性"为"1.00"，"粘度"为"0.70"，大规模方差为"52%"，"重力方向"为"0x+90.0°"，"重力倾向"为"90.00"，如图 6-2 所示。

图 6-2　"物理学"参数设置

Step❾ 新建一个合成。选择"合成"→"新建合成"选项，在弹出的"合成设置"对话框中，设置"合成名称"为"定版汇聚"，"预设"为"自定义"，"宽度"为"720px"，"高度"为"405px"，"像素长宽比"为"方形像素"，"持续时间"为"0:00:06:00"，单击"确定"按钮。

Step❿ 按 Ctrl+I 组合键，导入"背景"素材，将"背景"素材拖动到时间线面板中。将"定版 1"和"定版散开 1"合成拖动到"定版汇聚"合成时间线上，将"定版散开 1"图层放置到最顶层，将"背景"素材放置到最底层。

Step⓫ 选中"定版散开 1"图层，按 Ctrl+Alt+R 组合键，实现效果的倒放。再次选中"定版散开 1"图层，将该图层的出点时间设置在第 3 秒 20 帧处；选中"定版 1"图层，将"定版 1"图层的入点时间设置在第 3 秒 12 帧处，如图 6-3 所示。

图 6-3　设置出点时间和入点时间

Step⓬ 选中"定版散开 1"图层，选择"效果"→"模糊与锐化"→"CC 放射状快速模糊"选项。

Step⓭ 第 0 帧，设置"模糊度"为"60.0"；第 2 秒，设置"模糊度"为"20.0"；第 3 秒 20 帧，设置"模糊度"为"0.0"。

Step⓮ 选中"定版散开 1"图层，选择"效果"→"模糊与锐化"→"快速模糊"选项。为"模糊度"属性添加关键帧动画。第 3 秒 12 帧，设置"模糊度"为"0.0"；第 3 秒 20 帧，设置"模糊度"为"783.0"。

Step⓯ 选中"定版散开 1"图层，为"不透明度"属性添加关键帧动画。第 3 秒 12 帧，设置"不透明度"为"100%"；第 3 秒 20 帧，设置"不透明度"为"0%"。

Step⓰ 选中"定版 1"图层，为"不透明度"属性添加关键帧动画。第 3 秒 12 帧，设置"不透明度"为"0%"；第 3 秒 20 帧，设置"不透明度"为"100%"。

Step⓱ 按 Ctrl+I 组合键，导入"光"素材，将其拖动到"定版汇聚"合成时间线上，设置该层的叠加模式为"相加"，完成最终效果的制作。最终预览效果如图 6-4 所示。

图 6-4　最终预览效果

▨拓展训练

参照本书资料中的样片效果，利用资料中提供的素材，制作一个其他定版图片的定版汇聚效果。

任务 2　制作描边动画效果

❖任务目标

掌握"描边"和"蒙版"效果的结合运用。

❖任务导引

本任务主要讲解"描边"和"蒙版"特效，以及其他工具结合运用。通过本任务的学习，读者可以熟练地制作出描边动画效果。描边动画效果如图 6-5 所示。

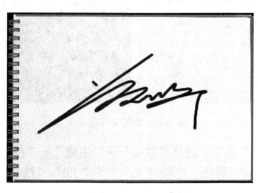

图 6-5　描边动画效果

❖知识准备

【知识点】"描边"特效

- 获取视频的单帧图像，放置到合成时间线上。
- 使用"钢笔工具"，勾画单帧图像的轮廓（尽量不封闭，若封闭，则设置模式为"无"）。
- 选中固态图层，选择"效果→生成→描边"选项。
- 设置参数。
- 添加关键帧动画。

❖任务实施

Step❶ 启动 AE。
Step❷ 新建一个项目文件。

Step❸ 新建一个合成。选择"合成"→"新建合成"选项，在弹出的"合成设置"对话框中，设置"合成名称"为"签名文字"，"预设"为"PAL D1/DV"，"宽度"为"720px"，"高度"为"576px"，"像素长宽比"为"D1/DV PAL（1.09）"，"持续时间"为"0:00:05:00"，"背景色"为"白色"，单击"确定"按钮。

Step❹ 按 Ctrl+I 组合键，导入"签名"素材。按 Ctrl+Y 组合键，新建一个蓝色背景的固态图层并命名为"签名"。在时间线面板中，暂时隐藏"签名"图层。选中"签名"图层，单击"横排钢笔工具"按钮，按"签名"图层中的签名文字绘制文字蒙版，如图 6-6 所示。

图 6-6　绘制文字蒙版

Step❺ 选中"签名"图层，选择"效果"→"生成"→"描边"选项，设置"路径"为"遮罩 1"，"颜色"为"黑色"，"画笔大小"为"5.0"，"绘画样式"为"在透明背景上"，隐藏"签名"图层。具体参数设置如图 6-7 所示。

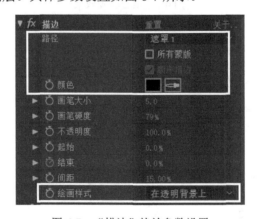

图 6-7　"描边"特效参数设置

Step❻ 为"签名"图层"描边 2"选项的"遮罩 2"属性添加"描边"效果。在特效面板中，选择"描边"特效，按 Ctrl+D 组合键，复制一个新特效，即"描边 2"。选中"签名"图层，选择"描边 2"选项，设置"路径"为"遮罩 2"，"绘画样式"为"在原始图像上"，如图 6-8 所示。

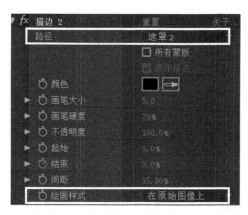

图 6-8　"描边 2"特效参数设置

Step❼ 为"描边"特效添加关键帧动画。第 0 帧，设置"结束"为"0.0%"；第 10 帧，设置"结束"为"100.0%"。

Step❽ 为"描边 2"特效添加关键帧动画。第 1 秒，设置"结束"为"0.0%"；第 4 秒，设置"结束"为"100.0%"。

Step❾ 按 Ctrl+N 组合键，新建一个合成并命名为"签名 end"，其他参数设置保持不变。将"签名文字"和"纸张"素材拖动到"签名 end"合成时间线上，将纸质素材放置到最底层。至此，描边动画效果制作完成。最终预览效果如图 6-9 所示。

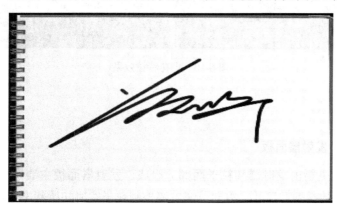

图 6-9　最终预览效果

≫拓展训练

参照本书资料中的样片效果，利用资料中提供的素材，制作一个其他图形的"描边"特效。

任务3　制作烟花特技效果

❖任务目标

掌握"Particular"效果的使用技巧。

❖任务导引

本任务主要介绍"Particular"效果的使用方法。通过本任务的学习，读者可以掌握"Particular"效果在模拟制作烟花特技方面的应用技巧。烟花特技效果如图 6-10 所示。

图 6-10　烟花特技效果

❖知识准备

【知识点 1】发射器面板

粒子发射器主要由发射器和粒子两部分组成，发射器面板主要用于设置发射器参数，包括发射器的类型、尺寸、方向、速度等控制粒子发射初始状态的核心参数。

【知识点 2】粒子面板

粒子面板用于设置粒子的所有外在属性，如大小、透明度、颜色，以及在整个生命周期内这些属性的变化。

【知识点 3】物理学面板

物理学面板用于控制粒子产生以后的运动属性，如重力、碰撞、干扰等。

任务实施

Step❶ 启动 AE。

Step❷ 新建一个项目文件。

Step❸ 新建一个合成。选择“合成”→“新建合成”选项，在弹出的“合成设置”对话框中，设置“合成名称”为“烟花特技”，“预设”为“自定义”，“宽度”为“480px”，“高度”为“384px”，“像素长宽比”为“方形像素”，“持续时间”为“0:00:03:00”，单击“确定”按钮。

Step❹ 按 Ctrl+I 组合键，导入“背景 1”素材，将其拖动到“烟花特技”合成时间线上。按 Ctrl+Y 组合键，新建一个纯黑色固态图层并命名为“[烟花 01]”，其他参数设置保持不变。

Step❺ 暂时隐藏“背景 1”图层。选中“[烟花 01]”图层，选择“效果”→“Trapcode”→“Particular”选项，选择“发射器”选项，设置“粒子数量/秒”为“2800”，“发射器类型”为“点”，“位置 XY”为“360.0，100.0”，“速度”为“300.0”。

Step❻ 选择“粒子”选项，设置“生命[秒]”为“10.0”，“粒子类型”为“发光球体（无 DOF)”，“粒子羽化”为“0.0”，“大小”为“2.5”，“颜色”为“红色”。

Step❼ 选择“物理学”选项，设置“重力”为“60.0”，“空气阻力”为“3.0”。选择“辅助系统”选项，设置“发射”为“继续”，“发射概率”为“100”，“粒子发射速率”为“75”，“生命[秒]”为“0.5”，“粒子类型”为“球体”，“大小”为“3.0”。“生命期粒子尺寸”选择右侧第二项（线性衰减），如图 6-11 所示；“生命期颜色”选择右侧第二项（红色过渡），如图 6-12 所示。

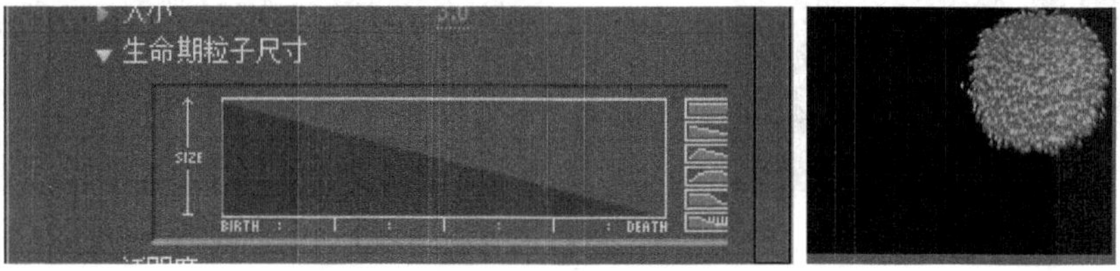

图 6-11　生命期粒子尺寸设置

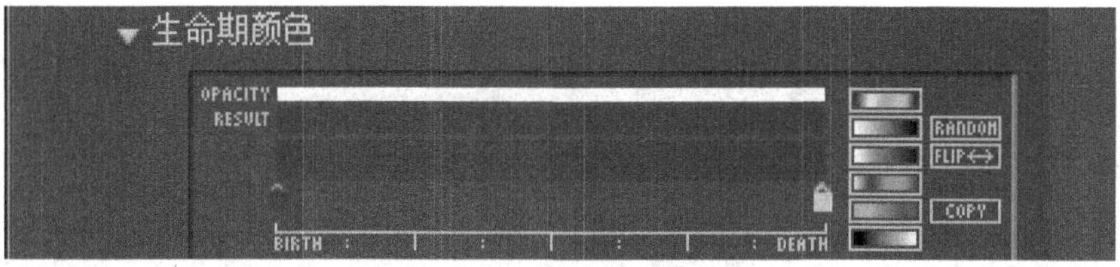

图 6-12　生命期颜色设置

Step⑧ 选择"继承主题粒子控制"选项，设置"停止发射[%生命]"为"30"。选择"渲染"选项，设置"忽略"为"物理学时间因素（PTF）"。此时烟花雏形基本形成。"渲染"选项设置如图 6-13 所示。

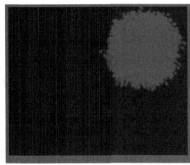

图 6-13   "渲染"选项设置

Step⑨ 为"粒子数量/秒"属性添加关键帧动画。第 0 帧，设置"粒子数量/秒"为"2800"；第 1 帧，设置"粒子数量/秒"为"0"。此时红色烟花效果形成，如图 6-14 所示。

Step⑩ 选中"[烟花 01]"图层，按 Ctrl+D 组合键，复制一个新图层。将新图层重命名为"烟花 02"，设置"烟花 02"图层中的"Particular"效果的相关参数。选择"发射器"选项，设置"位置 XY"为"80.0，110.0"；选择"粒子"选项，设置"颜色"为"黄色（R:239，G:252，B:31）"；选择"辅助系统"选项，设置"生命期颜色"为"黄色"。"生命期不透明度"和"生命期颜色"参数设置如图 6-15 所示。

图 6-14   红色烟花效果　　　图 6-15   "生命期不透明度"和"生命期颜色"参数设置

Step⑪ 将"烟花 02"图层的"入点"放置在第 13 帧，如图 6-16 所示。

图 6-16   "烟花 02"图层的入点位置

Step⓬ 选中"烟花 02"图层，按 Ctrl+D 组合键，再次复制一个新图层并命名为"烟花 03"，将其放置到最顶层，将该层入点放置在第 1 秒。这样，"[烟花 01]""烟花 02""烟花 03"3 个图层的入点位置就交错分布了，如图 6-17 所示。

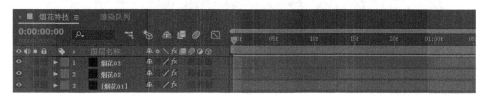

图 6-17　"[烟花 01]""烟花 02""烟花 03"3 个图层的入点位置交错分布

Step⓭ 最终预览效果如图 6-18 所示。

图 6-18　最终预览效果

❋拓展训练

参照本书资料中的样片效果，利用资料中提供的素材，制作一个其他夜景图片的烟花特技效果。

任务 4　制作花朵旋转效果

❋任务目标

掌握正弦运动表达式的使用。

❋任务导引

本任务主要使用正弦运动表达式来完成花朵的伸缩和旋转动画的制作。通过本任务的学习，读者可以深入理解表达式在动画制作中的运用。花朵旋转效果如图 6-19 所示。

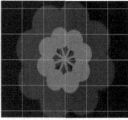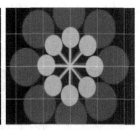

图 6-19　花朵旋转效果

❖知识准备

【知识点】"网格"特效

"网格"特效添加方法：选中固态图层，选择"效果→生成→网格"选项，如图 6-20
所示。

❖任务实施

Step❶ 启动 AE。

Step❷ 新建一个项目文件。

Step❸ 新建一个合成。选择"合成"→"新建合
成"选项，在弹出的"合成设置"对话框中，设置"合
成名称"为"花朵转动"，"预设"为"自定义"，"宽
度"为"320px"，"高度"为"240px"，"像素长宽比"
为"方形像素"，"持续时间"为"0:00:15:00"，单击
"确定"按钮。

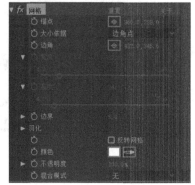

图 6-20　网格特效

Step❹ 按 Ctrl+Y 组合键，新建一个固态图层并命名为"[圆形 01]"，设置"背景"
为"蓝色（R:0，G:0，B:255）"，其他参数设置保持不变。

Step❺ 选中"[圆形 01]"图层，单击"椭圆工具"按钮绘制一个椭圆蒙版。选中"[圆
形 01]"图层，为其"位置"属性添加一个表达式，表达式内容为"160，
Math.sin(time)*80+120"，此时即为小球添加了上下弹跳的效果，如图 6-21 所示。

图 6-21　为"[图形 01]"图层"位置"属性添加小球运动效果

Step⑥ 选中"[圆形 01]"图层，按 Ctrl+D 组合键复制一个新图层并命名为"圆形02"，将"圆形 02"图层的表达式修改为"[160，Math.sin(time)*-80+120]"，即生成了两个小球相反运动效果，如图 6-22 所示。

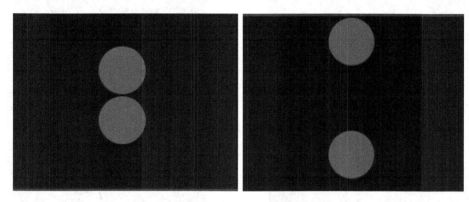

图 6-22　两个小球相反运动效果

Step⑦ 按 Ctrl+Y 组合键，新建一个白色固态图层并命名为"[链接]"。选择"[链接]"图层，选择"效果"→"生成"→"光束"选项。设置"长度"为"100%"，"时间"为"50%"，"起始厚度"为"5"，"结束厚度"为"5"，"柔和度"为"0"，"内部颜色"和"外部颜色"均为"蓝色（R:0，G:0，B:255）"，取消选中"3D 透视"复选框。

Step⑧ 选中"[链接]"图层，选择"光束"→"起始点"选项，按住 Alt 键的同时，单击"起始点"前的"码表"按钮，创建一个表达式，并输入表达式 effect（"光束"）（1），如图 6-23 所示。

图 6-23　为"[链接]"图层的"起始点"属性添加表达式

Step⑨ 将"[链接]"图层的"起始点"属性拖动到"[圆形 01]"图层的"位置"属性中，如图 6-24 所示。

Step⑩ 将"[链接]"图层的"结束点"属性拖动到"[圆形 02]"图层的"位置"属性中，如图 6-25 所示。

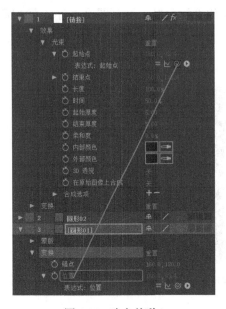

图 6-24　建立关联 1

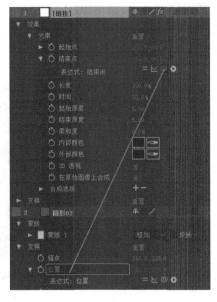

图 6-25　建立关联 2

Step⑪ 将 "[链接]" 图层放置到最底层，关联后的效果如图 6-26 所示。

Step⑫ 按 Ctrl+N 组合键，新建一个合成并命名为 "转
动组"，其他参数设置保持不变。将 "花朵转动" 合成直接
拖动到 "转动组" 合成时间线上。选中 "花朵转动" 图层，
按 3 次 Ctrl+D 组合键，复制 3 个新图层。按 R 键，修改它
们的 "旋转" 参数值。依次从上往下，第一层 "旋转" 参数
值保持不变，第二层 "旋转" 参数值修改为 "0x+45.0°"，
第三层 "旋转" 参数值修改为 "0x+90.0°"，第四层 "旋转"
参数值修改为 "0x-45.0°"，如图 6-27 所示。修改 "旋转"
参数值后的画面效果如图 6-28 所示。

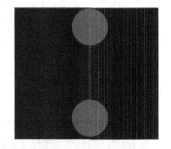

图 6-26　关联后的效果

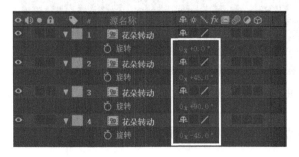

图 6-27　修改 "旋转" 参数值

图 6-28　修改 "旋转" 参数值后的
画面效果

Step⑬ 按 Ctrl+N 组合键，新建一个合成并命名为"总合成"，其他参数设置保持不变。将"转动组"合成拖动到"总合成"中。旋转"转动组"图层，按 Ctrl+D 组合键，复制一个"转动组"图层。将上方的"转动值"图层命名为"转动组 1"，将下方的"转动组"图层命名为"转动组 2"。选中"转动组 2"图层，设置"缩放"为"180.0，180.0%"，"不透明度"为"30%"。"总合成"合成效果如图6-29所示。

Step⑭ 选中"转动组 1"图层，选择"旋转"选项。为"旋转"属性添加表达式"Math.sin(time)*360"。

Step⑮ 选中"转动组 2"图层，选择"旋转"选项。

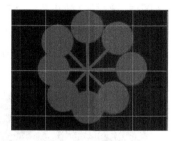

图 6-29 "总合成"合成效果

为"旋转"属性添加表达式"Math.sin(time)*-360"。"转动组 1"和"转动组 2"图层添加表达式后的设置如图6-30所示。

图 6-30 "转动组 1"和"转动组 2"图层添加表达式后的设置

Step⑯ 按 Ctrl+Y 组合键，新建一个固态图层并命名为"网格"，设置"颜色"为"纯蓝色（R:0，G:0，B:255）"，其他参数设置保持不变。选中"网格"图层，选择"效果"→"生成"→"网格"选项。设置"大小依据"为"边角点"，"边角"为"192，144"，"边界"为"1"，"颜色"为"白色"。再次选中"网格"图层，选择"边角"选项，为"边角"属性添加表达式"Math.sin(time)*90+160，Math.sin(time)*90+120"，效果如图6-31所示。

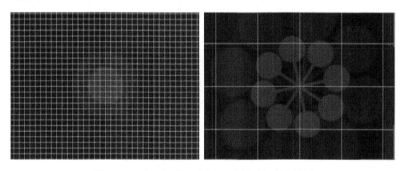

图 6-31 为"网格"图层设置参数后的效果

Step⑰ 选择"图层"→"新建"→"调节图层"选项，新建一个调节层。选择该调节图层，选择"效果"→"颜色校正"→"色相/饱和度"选项，选中"彩色化"复选框，设置"着色饱和度"为"100"；选择"色相/饱和度"→"着色色相"选项，为"着色色相"属性添加表达式"Math.sin(time)*360"。至此，花朵绽放效果制作完成。最终预览效果如图 6-32 所示。

 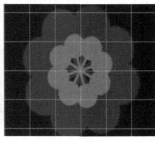 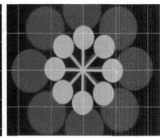

图 6-32　最终预览效果

拓展训练

参照本书资料中的样片效果，利用资料中提供的素材，制作一个其他形状的花朵旋转效果。

项目七　制作 MG 动画

任务 1　制作 MG 动态图标

※ 任务目标

掌握 3D 渲染器在-CINEMA 4D 模式下的三维图标动态效果的制作与应用，以及修剪路径与父级和链接等综合技术的运用。

※ 任务导引

大家所熟知的图标动态效果大部分都是在前期软件中绘制，再通过后期软件添加效果制作而成。本任务将介绍运用 3D 渲染器、"修剪路径"，以及 "父级和链接" 等综合技术来制作伪 3D 效果的 MG 动态图标的方法和技巧，动态图标分镜演示如图 7-1 所示。

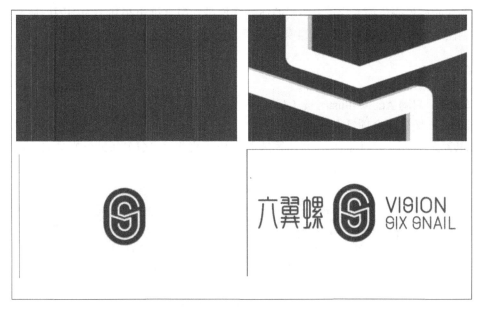

图 7-1　动态图标分镜演示

❋知识准备

【知识点 1】CINEMA 4D 渲染模式

- CINEMA 4D 渲染模式是一种常用的三维效果制作模式，选择"合成"→"合成设置"→"3D 渲染器"→"渲染器"→"CINEMA 4D"选项，即可切换到该模式下。
- 3D 渲染器用于确定合成中的 3D 图层可以使用的功能，以及它们如何与 2D 图层交互。
- CINEMA 4D 渲染模式支持文本和形状的凸出，是大多数计算机上的首选渲染器模式。

【知识点 2】"修剪路径"效果

- "修剪路径"效果是形状图层的一种基础效果。
- "修剪路径"功能根据所选图层绘制的路径状态进行路径效果的添加，通过调整"开始""结束""偏移"等属性调节该路径下的样条运动状态，制作可编辑和自由度高的路径动画。

【知识点 3】"父级和链接"效果

"父级和链接"效果的基本原理如下：副图层通过链接的形式绑定在主图层上，随着主图层的属性变化而变化；主图层的属性变换带动所有绑定在其上的副图层属性的变换，副图层的属性变换只影响其自身和其子级图层，并不会影响其主图层。

❋任务实施

Step❶ 启动 Adobe illustrator（Ai）。

Step❷ 新建一个项目文件。

Step❸ 在 Ai 中绘制图标，将所需要的运动变换图层提前分层并分别命名。动态图标素材工程层级划分如图 7-2 所示。

图 7-2　动态图标素材工程层级划分

Step❹ 保存工程文件，并启动 Ai。

Step❺ 在项目窗口上右击，在弹出的快捷菜单中选择"导入"→"文件"命令，在弹出的对话框中，设置"导入为"为"合成-保持图层大小"，单击"导入"按钮，如图 7-3 所示。

图 7-3　Ai 工程文件分层导入

Step❻ 新建一个合成并命名为"MG 动态 logo"。

（1）选择"合成"→"新建合成"选项，在弹出的"合成设置"对话框中，设置"预设"为"自定义"，"宽度"为"1280px"，"高度"为"720px"，"帧速率"为"30 帧/秒"，"持续时间"为"0:00:08:00"，单击"确定"按钮。

（2）在"合成设置"对话框中，选择"3D 渲染器"选项卡，设置"渲染器"为"CINEMA 4D"，单击"确定"按钮。基础合成设置如图 7-4 所示。

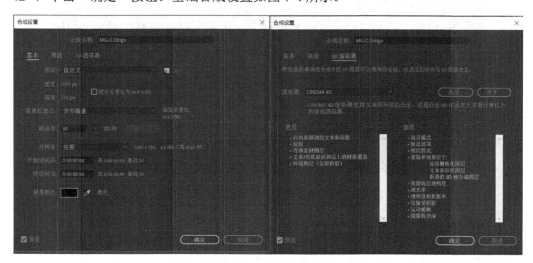

图 7-4　基础合成设置

Step❼ 在合成之后，制作立体图标效果作为铺垫。双击"六翼螺 LOGO"合成，复制其"主体路径/六翼螺 LOGO.ai"和"主题底色/六翼螺 LOGO.ai"图层到"MG 动态 logo"合成中，按 Ctrl+Home 组合键，将图层置于画面中央，右击所选图层，在弹出的快捷菜单中选择"创建"→"从矢量图层创建形状"选项，删除多余图层，调整图层并重命名，如图 7-5 所示。

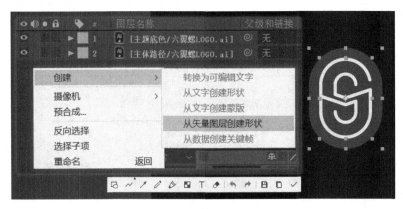

图 7-5　从矢量图层创建形状

Step❽ 进行层组划分，通过合理的命名来区分不同组别的图层，从而提高制作效率。先复制 3 个"主体底色/六翼螺 LOGO.ai"图层，并分别重命名为"主体底色-主体"、"主体底色-正面"和"主体底色-背面"；再复制 2 个"主体路径/六翼螺 LOGO.ai"图层，并分别重命名为"主体路径-主体"和"主体路径-正面"，同时打开这些图层的三维开关，如图 7-6 所示。

图 7-6　制作图层副本并打开它们的三维开关

Step❾ 先进行主体底色三维化的调整。选中"主体底色-主体"图层，选择"几何选项"选项，设置"凸出深度"为"（50.0）"，"填充颜色"为"#B40000"；选择"变换"选项，设置"锚点"为"121.5，162.0，20.0"，如图 7-7 所示。

图 7-7 "主体底色-主体"图层三维化调整

Step⑩ 选中"主体底色-正面"图层,选择"几何选项"选项,设置"凸出深度"为"5.0","填充颜色"为"D7000F";选择"变换"选项,设置"位置"为"640.0,360.0,-20.0",如图 7-8 所示。

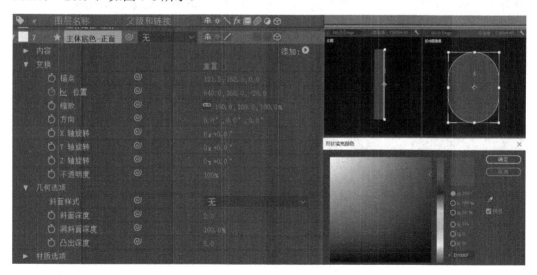

图 7-8 "主体底色-正面"图层三维化调整

Step⑪ 选中"主体底色-背面"图层,选择"几何选项"选项,设置"凸出深度"为"5.0","填充颜色"为"#960000";选择"变换"选项,设置"位置"为"640.0,360.0,30.0",如图 7-9 所示。

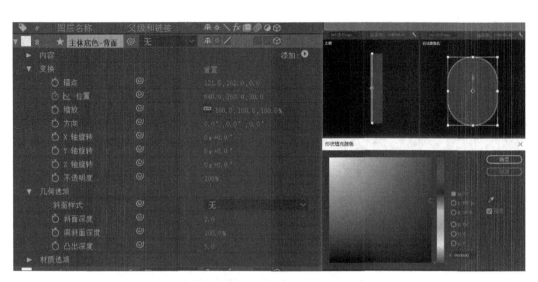

图 7-9 "主体底色-背面"图层三维化调整

Step⓬ 其次，进行主体之上路径纹理的三维化调整。选中"主体路径-主体"图层，选择"几何选项"选项，设置"凸出深度"为"20.0"，"填充颜色"为"#CBCBCB"；选择"变换"选项，设置"位置"为"640.0，360.0，-40.0"，如图 7-10 所示。

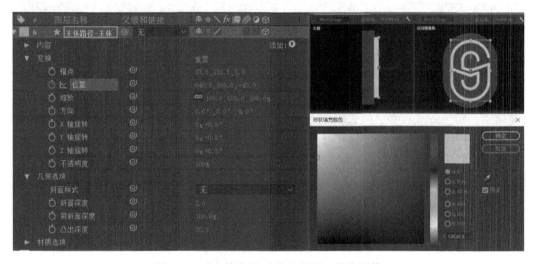

图 7-10 "主体路径-主体"图层三维化调整

Step⓭ 选中"主体路径-正面"图层，选择"几何选项"选项，设置"凸出深度"为"5.0"，"填充颜色"为"#FAFAFA"；选择"变换"选项，设置"位置"为"640.0，360.0，-45.0"，如图 7-11 所示。

图 7-11　"主体路径-正面"图层三维化调整

Step⑭ 最后，对三维图标的各个模块进行合理的层级链接，以"主体底色-主体"图层为主图层将其他图层链接其上，通过调节"主体底色-主体"图层的"变换"属性来控制三维图标整体的运动，三维图标层级绑定完成，如图 7-12 所示。

图 7-12　三维图标层级绑定设置

Step⓯ 设置三维图标整体的运动趋势与效果时长。选中"主体底色-主体"图层，选择"变换"选项，为"变换"属性添加关键帧动画。第 2 秒，设置"缩放"为"900.0，900.0，900.0%"，"Y 轴旋转"为"0x+0.0°"；第 4 秒，设置"Y 轴旋转"为"0x+360.0°"；第 6 秒，设置"缩放"为"100.0，100.0，100.0%"，"Y 轴旋转"为"0x+720.0°"。调整其运动曲线使其富有节奏感。三维图标主体运动变换调节效果如图 7-13 所示。

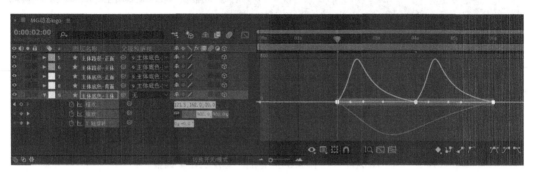

图 7-13　三维图标主体运动变换调节效果

Step⓰ 对开场画面进行调整与布局。单击"钢笔工具"按钮，绘制一条路径，对三维图标元素进行遮盖，并为其添加"修剪路径"效果，制作具有纯色背景开场路径的图标开场前奏，为后续三维图标的出场做铺垫，如图 7-14 所示。

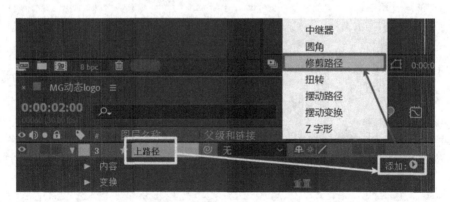

图 7-14　添加"修剪路径"效果

Step⓱ 为"上路径"和"下路径"图层的"修剪路径"属性添加关键帧动画。分别选中这两个图层后，选择"修剪路径 1"选项。第 0 秒，设置"开始"为"100.0%"，"结束"为"0.00%"；第 2 秒，设置"开始"为"100.0%"，"结束"为"100.0%"；调整运动曲线，如图 7-15 所示。

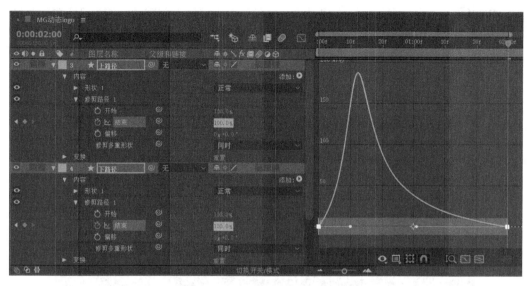

图 7-15　添加"修剪路径"动画效果

Step⑱ 添加及调整图标中的文字，以控制画面整体效果的动态平衡与画面感。将"六翼螺 LOGO"项目文件中的"LOGO 文字"图层复制粘贴到"总合成"图层中，调节其位置，并添加纯色背景使画面清晰，如图 7-16 所示。

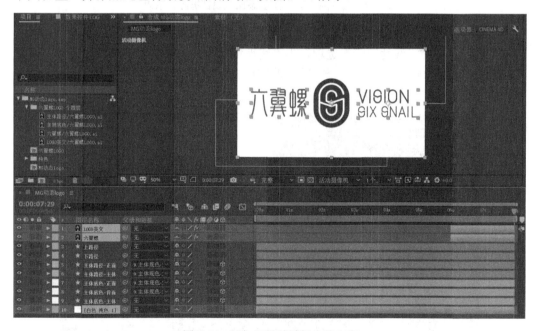

图 7-16　添加及调整图标中的文字

Step⓳ 为"六翼螺"图层添加"线性擦除"效果并插入关键帧。选中"六翼螺"图层，选择"效果"→"过渡"→"线性擦除"选项，选择"线性擦除"选项，插入关键帧，调整运动曲线。为"线性擦除"属性添加关键帧动画。第 6 秒，设置"过渡完成"为"100%"；第 7 秒，设置"过渡完成"为"0%"，"擦除角度"为"0x-90.0°"，"羽化"为"15.0"，调整运动曲线，如图 7-17 所示。

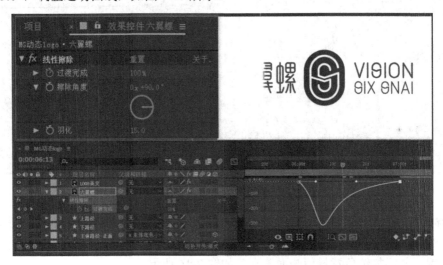

图 7-17 为"六翼螺"图层添加"线性擦除"效果

Step⓴ 为"LOGO 英文"图层添加"线性擦除"效果并插入关键帧。选中"LOGO 英文"图层，选择"线性擦除"选项，为"线性擦除"添加关键帧动画。第 6 秒，设置"过渡完成"为"100%"；第 7 秒，设置"过渡完成"为"0%"，"擦除角度"为"0x-90.0°"，"羽化"为"15.0"，调整运动曲线，如图 7-18 所示。

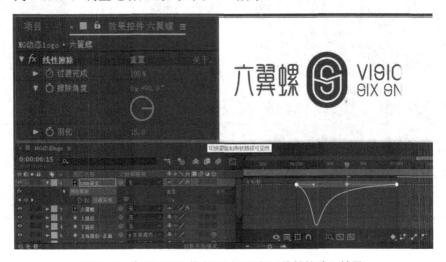

图 7-18 为"LOGO 英文"图层添加"线性擦除"效果

Step㉑ 通过预览和调整部分细节参数和运动曲线，使效果更加自然柔和。至此，MG 动态图标效果制作完成。

❖拓展训练

参照本书资料中的样片效果，利用资料中提供的素材，制作一个图形或者图标的伪 3D 运动效果，并输出为 MP4 格式的视频。

任务 2　制作 2.5D 动态效果

❖任务目标

掌握 3D 渲染器在 CINEMA 4D 模式下的 2.5D 动态效果的制作与应用，以及蒙版与"父级和链接"等综合技术的运用。

❖任务导引

常见的 2.5D 动态效果大部分都是通过后期制作的，即在 3D 渲染模式下进行三维效果的制作，然后通过关键帧的插入和效果添加，从而制作出 2.5D 效果。2.5D 动态效果分镜演示如图 7-19 所示。

图 7-19　2.5D 动态效果分镜演示

※知识准备

【知识点】CC Tiler

- CC Tiler 又称"平铺效果",可以通过选择"效果"→"扭曲"→"CC Tiler"选项为图层添加平铺效果。
- CC Tiler 是一种可以根据特定范围内元素的情况,进行阵列副本克隆的一种效果,往往会搭配"蒙版"使用。

※任务实施

Step❶ 对前期软件所绘制的素材进行分层与命名,以方便接下来的导入工作。注意,部分素材在任务中仅仅作为参考素材,当后期添加动态效果时会被相应的素材替换。2.5D 素材工程层级划分参考如图 7-20 所示。

图 7-20 2.5D 素材工程层级划分

Step❷ 将文件工程导入项目窗口,在项目窗口中,在弹出的快捷菜单中选择"导入"→"文件"命令,在弹出的"新建文件夹"对话框中,设置"导入为"为"合成-保持图层大小",如图 7-21 所示。

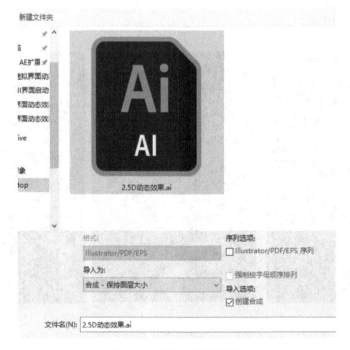

图 7-21 工程文件分层导入

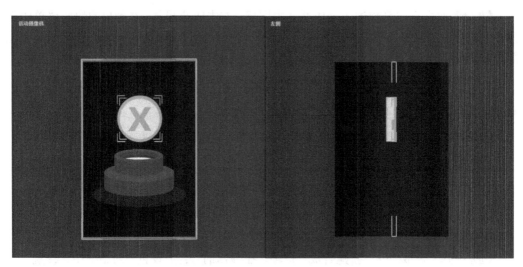

图 7-24　"主体"图层厚度设置

Step❻ 为"轮廓"图层添加伪 3D 效果，打开其三维开关并调整其参数。选中"轮廓"图层，选择"几何选项"选项，设置"凸出深度"为"20.0"；选择"变换"选项，设置"锚点"为"95.0，95.0，0.0"，"位置"为"95.0，95.0，-10.0"。"轮廓"图层厚度及位置设置如图 7-25 所示。

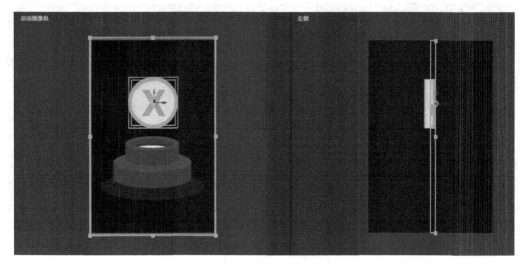

图 7-25　"轮廓"图层的厚度及位置设置

Step❼ 为"X"图层添加伪 3D 效果，打开其三维开关并调整其参数。选中"X"图层，选择"几何选项"选项，设置"凸出深度"为"20.0"；选择"变换"选项，设置"锚点"为"95.0，95.0，0.0"；选择"变换"选项，设置"位置"为"95.0，95.0，-10.0"。"X"图层厚度及位置设置如图 7-26 所示。

图 7-26　"X"图层厚度及位置设置

Step❽ 以"主体"图层为父级、"主体"背面""轮廓""X"图层为子级设置链接，为接下来的图层整体动态效果制作进行铺垫。"父级和链接"绑定如图 7-27 所示。

🏷	#	图层名称		父级和链接		🕷 ✳ ＼ fx 🖿 ⌾ ◐ ◉
▶ ▇	2	★ "X"	◎	5."主体"	⌄	🕷 ✳ ／ ⬡
▶ ▇	3	★ "轮廓"	◎	5."主体"	⌄	🕷 ✳ ／ ⬡
▶ ▇	4	★ "主体" 背面	◎	5."主体"	⌄	🕷 ✳ ／ ⬡
▶ ▇	5	★ "主体"	◎	无	⌄	🕷 ✳ ／ ⬡
▶ ▇	6	底座	◎	无	⌄	🕷 ✳ ／

图 7-27　"父级和链接"绑定

Step❾ 为"主体"图层的"变换"属性添加关键帧动画，使"主体"图层及其子图层产生伪 3D 翻转效果，并调整添加的关键帧动画的运动曲线，使其产生运动速率的变化，让运动效果更加有节奏感。

选中"主体"图层，选择"变换"选项，为"变换"属性添加关键帧动画。第 0 帧，设置"Y 轴旋转"为"0x+0.0°"；第 2 秒 15 帧，设置"Y 轴旋转"为"0x+360.0°"；第 5 秒，设置"Y 轴旋转"为"0x+720.0°"，如图 7-28 所示。

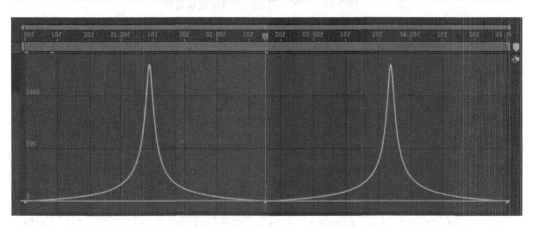

图 7-28　"主体"图层基础运动曲线参考

Step⑩ 创建所需形状图形并命名为"光束",设置其"锚点"为"下方居中","不透明度"为"15%",为其"缩放"属性添加关键帧动画,使其呈现闪烁与缓动效果。

选中"光束"图层,展开"变换"选项。第 0 帧,设置"缩放"为"0.01,0.01%";第 1 秒,设置"缩放"为"100.0,100.0%";第 2 秒,设置"缩放"为"50.0%,50.0%";第 3 秒,设置"缩放"为"100.0,100.0%";第 4 秒,设置"缩放"为"50.0,50.0%";第 5 秒,设置"缩放"为"100.0,100.0%",如图 7-29 所示。

（a）"光束"图层基础运动状态参考

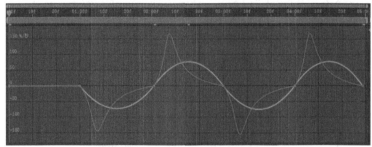

（b）"光束"图层基础运动曲线参考

图 7-29　"光束"图层基础运动参考

Step⓫ 选中所有图层，进行"预合成"操作并将新合成命名为"[2.5D]"，如图 7-30 所示。

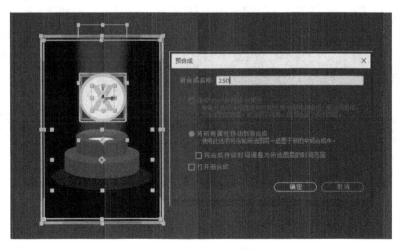

图 7-30　"预合成"操作设置

Step⑫ 为"[2.5D]"合成添加所需蒙版。选中"[2.5D]"合成，在工具栏中单击"矩形工具"按钮，在画面中框选出"运动画面"，如图 7-31 所示。

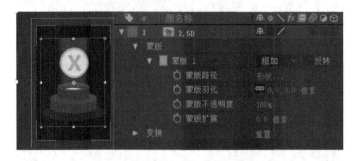

图 7-31　合成"[2.5D]"的蒙版设置

Step⑬ 为已经添加蒙版的"[2.5D]"合成添加平铺动态效果。选中"[2.5D]"合成，选择"效果"→"扭曲"→"CC Tiler"选项，然后在"效果控件"面板中为其"Scale"属性添加关键帧动画后调节运动曲线。第 0 帧，设置"Scale"为"100%"；第 2 秒，设置"Scale"为"35%"；第 3 秒，设置"Scale"为"35%"；第 5 秒，设置"Scale"为"100%"，如图 7-32 所示。

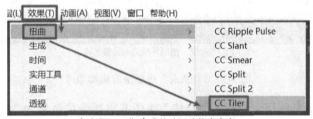

（a）"[2.5D]"合成基础运动状态参考

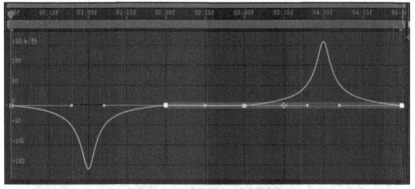

（b）"[2.5D]"合成基础运动曲线参考

图 7-32　"[2.5D]"合成基础运动参考

Step⑭ 至此，2.5D 动态效果制作完成，渲染输出即可。

※**拓展训练**

参照本书资料中的样片效果，利用资料中提供的素材制作一个其他图形的 2.5D 动态效果，并输出为 MP4 格式或 AVI 格式的视频。

任务 3 制作虚拟界面动态效果

※**任务目标**

掌握常见的虚拟界面动态效果的制作方法，以及相关素材的使用；了解常见的虚拟界面效果的搭建思路。

※**任务导引**

常见的虚拟界面动态效果大部分都是通过 AE 制作的。本任务将讲解制作虚拟界面动态效果的方法和技巧。虚拟界面动态效果分镜演示如图 7-33 所示。

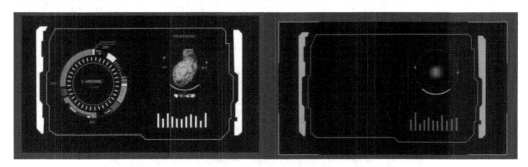

图 7-33 虚拟界面动态效果分镜演示

※**知识准备**

【知识点 1】基础变换属性

- 锚点：基于图层自身的一个坐标轴发生变化。
- 位置：随锚点的变化而变化；位置变化不带动锚点变化。
- 缩放：基于锚点位置，以其为中心进行大小缩放。
- 旋转：以锚点为中心（轴）进行旋转。
- 不透明度：对图层或素材进行不透明度的调整。

【知识点 2】运动曲线

- 动画曲线：用于实现对象运动的仿真效果，如加速运动、减速运动、匀速运动、自由落体等；在图表编辑器中为某个属性添加动画时，可以在速度图表中查看和调整动画曲线，从而影响对象的变化速率，使其更真实。
- 线性运动：动画从开始到结束一直以同样的速度运动，也就是匀速直线运动。
- 缓入（加速运动）：动画的速度先慢后快，动画曲线先是陡峭再平缓，但是缓入动画会在速度最快的时候停止，会很突然，类似被磁铁吸住。
- 缓出（减速运动）：与缓入动画正好相反，缓出动画的速度先快后慢。
- 缓动（缓入缓出）：速度由慢变快再变慢，类似现实生活中的汽车启动加速到停止。但是默认的 F9 键对于实际效果来讲并不够，还需要将对比调整得更强。

任务实施

Step❶ 新建一个合成，并设置合成属性，将所需的各种素材拖动到该合成中，准备接下来的动效添加。选择"合成"→"新建合成"选项，在弹出的"合成设置"对话框中，设置"合成名称"为"虚拟界面动态效果"，"预设"为"自定义"，"宽度"为"1280px"，"高度"为"720px"，"帧速率"为"30 帧/秒"，"持续时间"为"0:00:05:00"。基础合成设置如图 7-34 所示。

图 7-34　基础合成设置

Step❷ 新建一个纯色图层作为画面背景并命名为"BG"，设置其"颜色"为"黑色"，锁定该图层。将"科技面板.png"图层拖动到"BG"图层时间线上，使其居中画面。其中，"锚点居中"组合键为 Ctrl+Alt+Home，"图层居中"组合键为 Ctrl+Home。"科技面板.png"图层位置设置如图 7-35 所示。

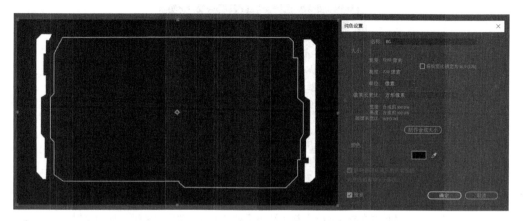

图 7-35 "科技面板.png"图层位置设置

Step❸ 为"科技面板.png"图层添加动态展开效果。选中"科技面板.png"图层，选择"变换"→"缩放"选项，取消选中"约束比例"复选框，为"缩放"属性添加关键帧动画。第 0 帧，设置"缩放"为"0.0，100.0%"，"不透明度"为"0%"；第 1 秒 15 帧，设置"缩放"为"100.0，100.0%"，"不透明度"为"100%"；调整其运动曲线，使画面富有节奏感，如图 7-36 所示。

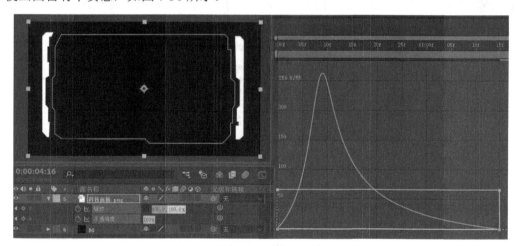

图 7-36 "科技面板.png"图层的动态展开效果设置

Step❹ 将"科技素材 1.mov"与"科技素材 2.mov"元素添加到"虚拟界面动态效果"合成中，调整其"位置"与"缩放"属性，控制其出现在画面的具体时间，使画面元素的出现具有层次感。

选中"科技素材 1.mov"图层，选择"变换"选项，为其添加关键帧动画，第 1 秒 15 帧，设置"位置"为"400.0，350.0"，"缩放"为"55.0，55.0%"，同样，选中"科技素材 2.mov"图层，选择"变换"选项，为其添加关键帧动画，第 0 帧，设置"位置"为"880.0，290.0"，"缩放"为"35.0，35.0%"，如图 7-37 所示。

图 7-37　"科技素材 1.mov"与"科技素材 2.mov"图层的关键帧动画设置

Step❺ 创建一个文本图层，根据个人喜好输入文字信息，并为文字添加文字动态效果，使文字有跳转浮现的效果。

选中文本图层，选择"效果和预设"→"动画预设"→"Text"→"Animate In"选项，选择"解码淡入"效果，将文本动效的时间段前移 2 秒，并将后端补齐；调整文本位置及其参数值，选择"变换"选项，设置"位置"为"820.0，115.0"，"字体"为"思源黑体：CN"，"字号"为"15 像素"，"颜色"为"红色"，如图 7-38 所示。

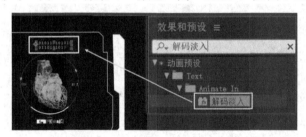

图 7-38　为文字图层添加预设效果

Step❻ 创建一个条形形状，选择其"变换"→"缩放"选项，取消选中"约束比例"复选框，按住 Alt 键的同时，单击"缩放"属性前的"码表"按钮，打开表达式面板，输入"分向抖动"表达式：

a=wiggle（0,0）[0];//控制 X 轴方向抖动
b=wiggle（3,40）[1];//控制 Y 轴方向抖动
[a，b];

如图 7-39 所示。

图 7-39　为条形形状添加"分向抖动"表达式

Step❼ 将"形状图层 1"图层复制 10 份，并分别重命名为"形状图层 2"～"形状图层 11"，有序排列这些图层之后进行"预合成"操作，新合成名称为"浮动条"。"浮动条"合成设置如图 7-40 所示。

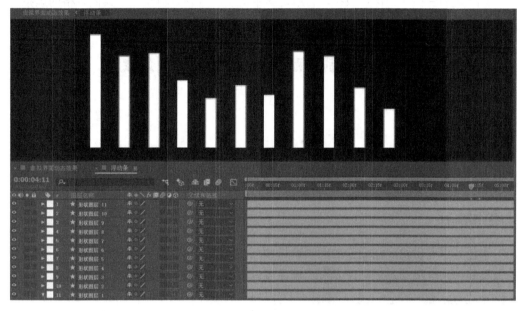

图 7-40 "浮动条"合成设置

Step❽ 最后，进行一些画面调整。至此，"虚拟界面动态效果"制作完成。最终预览效果如图 7-41 所示。

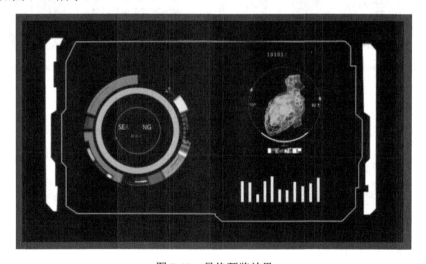

图 7-41 最终预览效果

※拓展训练

参照本书资料中的样片效果，利用资料中提供的素材，制作一个其他风格的虚拟界面动态效果，并输出为 MP4 格式或 GIF 格式的影像。

任务 4　制作商品展示 MG 动画效果

※任务目标

掌握基础变换属性的综合应用，以及在图标编辑器中调整运动曲线的技巧；了解产品界面的制作思路。

※任务导引

本任务主要讲解商品元素的动画编排技巧，并通过前期软件的平面设计和后期软件的效果制作来合成动态商品展示页。商品展示 MG 动画效果如图 7-42 所示。

图 7-42　商品展示 MG 动画效果

※知识准备

【知识点 1】基础变换属性

基础变换属性在本项目任务 3 中已讲解，这里不再赘述。不熟悉的读者可以回顾本项目任务 3 的内容。

【知识点 2】运动曲线

运动曲线相关内容同样在本项目任务 3 中已讲解，这里不再赘述。

任务实施

Step❶ 对工程素材进行分层和重命名，以方便接下来的导入工作，如图 7-43 所示。

图 7-43　对项目素材进行分层与重命名

Step❷ 将工程文件导入后期软件。右击项目窗口，在弹出的快捷菜单中选择"导入"→"文件"命令，在弹出的"导入文件"对话框中，设置"导入为"为"合成-保持图层大小"，单击"导入"按钮，如图 7-44 所示。

图 7-44　项目工程文件分层导入

Step❸ 选择"合成"→"新建合成"选项，在弹出的"图像合成设置"对话框中，设置"合成名称"为"商品展示 MG 动画"，"预设"为"自定义"，"宽度"为"1280px"，"高度"为"720px"，"帧速率"为"30 帧/秒"，"持续时间"为"0:00:05:00"。基础合成设置如图 7-45 所示。

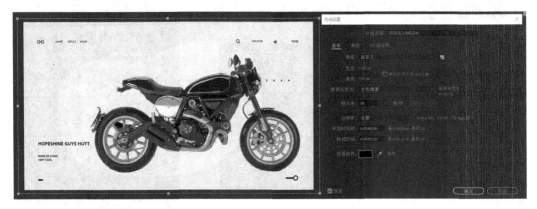

图 7-45　基础合成设置

Step❹ 将"商品展示素材.jpg"素材拖动到合成中，调整其"缩放"为"50.0，50.0%"，并将其他图层的时间段向后拖动 1 秒，如图 7-46 所示。

图 7-46　"商品展示素材.jpg"素材参数调整

Step❺ 为"商品展示素材.jpg"素材的"变换"属性添加关键帧动画，使其淡出画面，并调整其关键帧曲线使其富有节奏感。

第 1 秒，设置"缩放"为"50.0，50.0%"，"不透明度"为"100%"；第 2 秒，设置"缩放"为"110.0，110.0%"，"不透明度"为"0%"。"商品展示素材.jpg"素材的淡出效果设置如图 7-47 所示。

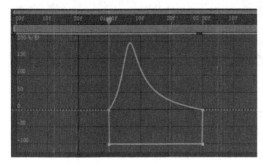

图 7-47　"商品展示素材.jpg"素材的淡出效果设置

Step❻ 为"文本"图层添加擦除展示变换效果，并调整关键帧曲线使其富有节奏感。选择"文本"图层，选择"效果"→"过渡"→"线性擦除"选项，展开"线性擦除"选项，设置"擦除角度"为"0x-90.0°"，"羽化"为"10.0%"。第 1 秒，设置"过渡完成"为"100%"；第 2 秒，设置"过渡完成"为"0%"。"文本"图层擦除效果如图 7-48 所示。

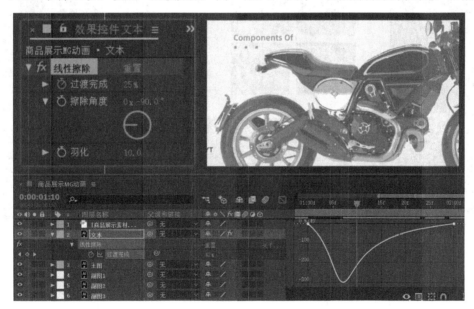

图 7-48　"文本"图层擦除效果

Step❼ 为"副图 1""副图 2""副图 3""副图 4"图层的"变换"属性统一添加关键帧动画，使其浮出画面，并调整关键帧曲线使其富有节奏感，如图 7-48 所示。其中，第 1 秒 15 帧，设置"缩放"为"0.0，0.0%"；第 2 秒 15 帧，设置"缩放"为"105.0，105.0%"；

第 2 秒 25 帧，设置"缩放"为"95.0，95.0%"；第 3 秒，设置"缩放"为"100.0，100.0%"。

图 7-49　为"副图 1""副图 2""副图 3""副图 4"图层统一添加关键帧动画

Step❽ 为"主图"图层的"变换"属性添加关键帧动画，使其浮出画面，并调整关键帧曲线使其富有节奏感。其中，第 2 秒 15 帧，设置"位置"为"1561.6，363.4"，"不透明度"为"0%"；第 4 秒，设置"位置"为"941.9，363.4"，"不透明度"为"100%"，如图 7-50 所示。

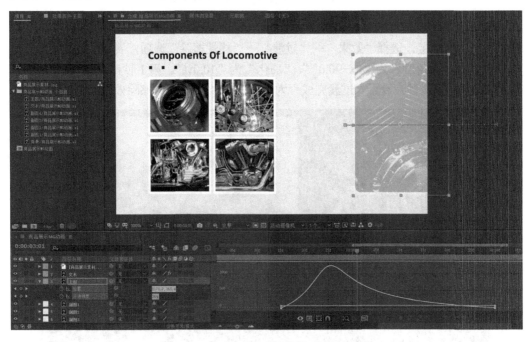

图 7-50　为"主图"图层添加关键帧动画

Step❾ 通过预览和调整部分细节参数和运动曲线，使效果更加自然柔和。至此，商品展示 MG 动画效果制作完成。

≫拓展训练

　　参照本书资料中的样片效果，利用资料中提供的素材，制作一个其他风格的商品展示 MG 动画效果，并输出为 MP4 格式的视频。

项目八 制作综合案例

任务 1 制作动态海报

❖任务目标

掌握动态海报效果的制作方法，学习运动曲线和置换效果的应用方法，了解动态海报的搭建思路。

❖任务导引

人们所熟知的动态海报大部分都是由前期软件进行版面编排，再通过后期软件添加效果制作而成的。本任务将讲解制作动态海报效果的方法和技巧。动态海报效果如图 8-1 所示。

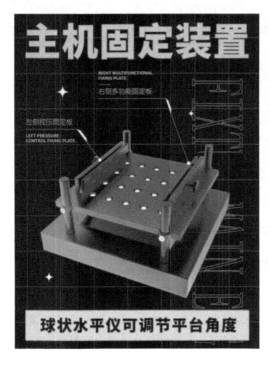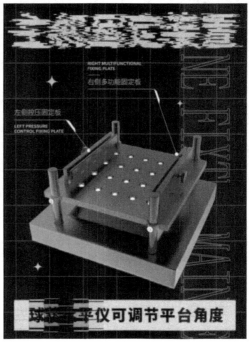

图 8-1　动态海报效果

※知识准备

【知识点 1】基础抖动表达式

基础抖动表达式的格式如下。

Wiggle (X, Y)

其中，X 表示抖动频率；Y 表示抖动幅度。

例如：wiggle (12, 50)　// 括号中的内容表示频率和振幅。

【知识点 2】置换图原理

● 置换效果主要是通过其所链接图像自身的"亮度分配"/"灰度图"来进行画面水平和垂直方向上的扭曲和变换的。
● 置换纹理的制作方式多种多样，可以是自定义纹理、图片或分形杂色等。

※任务实施

Step❶ 先在前期软件中对工程素材进行排版和制作，对海报中需要后期添加效果的元素进行单独分层并重命名，如图 8-2 所示。

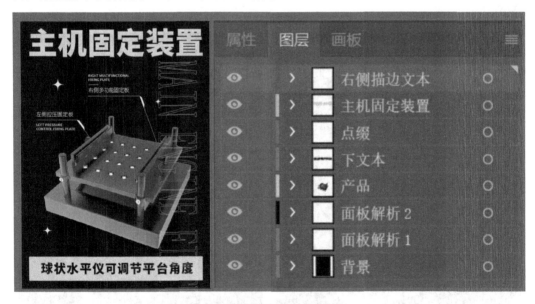

图 8-2　前期工程分层与重命名

Step❷ 右击项目窗口，在弹出的快捷菜单中选择"导入"→"文件"命令，在弹出的"导入文件"对话框中，设置"导入为"为"合成-保持图层大小"，如图 8-3 所示。

图 8-3 动态海报工程文件分层导入

Step❸ 新建一个合成。选择"合成"→"新建合成"选项，在弹出的"合成设置"对话框中，设置"合成名称"为"动态海报设计"，"预设"为"自定义"，"宽度"为"1200px"，"高度"为"1600px"，"帧速率"为"30 帧/秒"，"持续时间"为"0:00:08:00"。基础合成设置如图 8-4 所示。

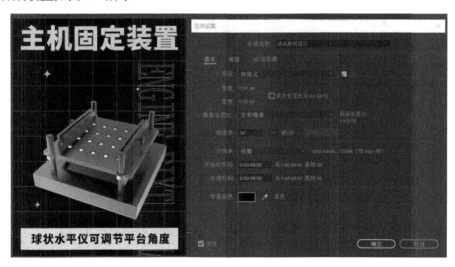

图 8-4 基础合成设置

Step❹ 选中"右侧描边文本"图层，为其添加滚动字幕效果，选择"效果"→"风格化"→"动态拼贴"选项，为其添加所需的关键帧，制作滚动条动画效果。第 0 帧，设置"拼贴中心"为"130.0，450.0"；第 8 秒，设置"拼贴中心"为"130.0，-200.0"；如图 8-5 所示。

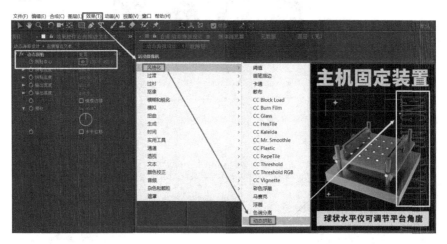

图 8-5　为"右侧描边文本"图层添加滚动条效果

Step❺ 新建一个固态图层，并命名为"固态图层-网格"，为其添加网格闪烁效果，使海报背景更加丰富。选中"固态图层-网格"图层，调整图层位置与属性参数，选择"效果"→"生成"→"网格"选项，选择"网格"选项，设置"锚点"为"550.0，800.0"，"颜色"为"#D7E1FF"，"不透明度"为"25.0%"；为"固态图层-网格"图层的"不透明度"属性添加抖动表达式，选择"变换"属性，按住 Alt 键的同时，单击"不透明度"属性前的"码表"按钮，即可打开表达式面板，输入表达式"wiggle(1,20)"，如图 8-6 所示。

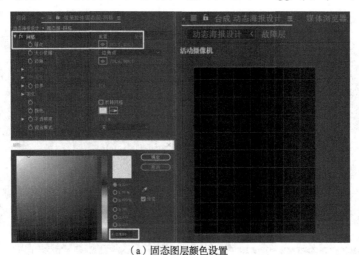

（a）固态图层颜色设置

图 8-6　固态图层网格闪烁效果设置及其综合效果预览

（b）固态图层"变换"属性设置

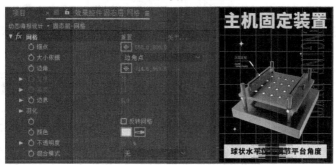

（c）固态图层综合效果预览

图 8-6（续）

Step⑥ 以"产品"图层为父级，将"面板解析 1"和"面板解析 2"图层链接到"产品"图层，打开"产品"图层的三维开关。为其"位置"属性添加抖动表达式，使其在一定范围内进行空间浮动。选中"产品"图层，选择"变换"选项，按住 Alt 键的同时，单击"位置"属性前的"码表"按钮，打开"位置"属性的表达式面板，输入表达式"wiggle(0.5,20)"。"产品"图层参数设置如图 8-7 所示。

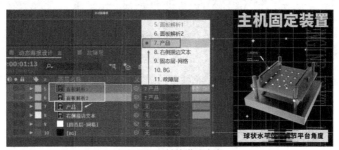

（a）父级和链接设置参考

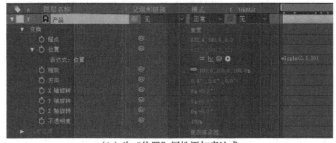

（b）为"位置"属性添加表达式

图 8-7　"产品"图层参数设置

Step❼ 为"下文本"图层添加"卡片擦除"效果，使画面动态元素构成更加丰富。

选中"下文本"图层，选择"效果"→"过渡"→"卡片擦除"选项。

选择"卡片擦除"选项，设置"过渡宽度"为"30%"，"行数"为"5"，"列数"为"15"，为"过渡完成"属性添加关键帧动画。

第 0 帧，设置"过渡完成"为"0%"；第 3 秒，设置"过渡完成"为"100%"。

裁切时间段为 4 秒，并复制"下文本"图层，将新图层命名为"下文本 2"，调节其时间段位置。"下文本"图层"卡片擦除"效果设置如图 8-8 所示。

（a）执行"卡片擦除"命令

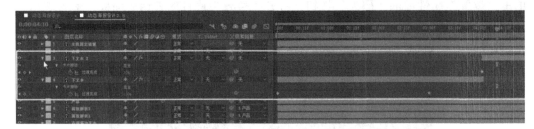

（b）关键帧插入与时间段调整

图 8-8 "下文本"图层"卡片擦除"效果设置

Step❽ 为"面板解析 1"和"面板解析 2"图层添加过渡效果，使其有序地出现在动态海报画面当中。

先选中"面板解析 1"图层，选择"效果"→"过渡"→"线性擦除"选项，选择"线性擦除"选项，设置"羽化"为"10.0"，为"过渡完成"属性添加关键帧动画。第 1 秒，设置"过渡完成"为"100%"；第 2 秒，设置"过渡完成"为"0%"。

再选中"面板解析 2"图层，选择"效果"→"过渡"→"线性擦除"选项，选择"线性擦除"选项，设置"羽化"为"10.0"，为"过渡完成"属性添加关键帧动画。第 5 秒，设置"过渡完成"为"100%"；第 6 秒，设置"过渡完成"为"0%"。

最后调整其运动曲线。过渡效果设置如图 8-9 所示。

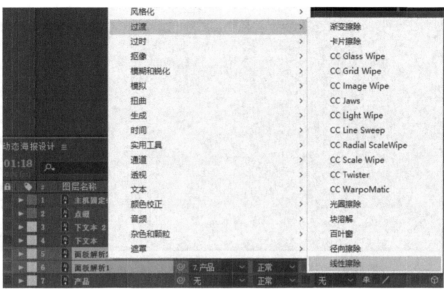

（a）执行"线性擦除"命令

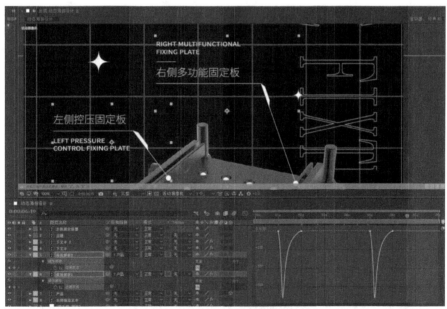

（b）关键帧插入与运动曲线调整

图 8-9 过渡效果设置

Step❾ 新建一个合成并命名为"故障层"，并新建一个固态图层并命名为"固态图层-故障纹理"，为接下来主标题的故障效果制作做前期准备，如图 8-10 所示。

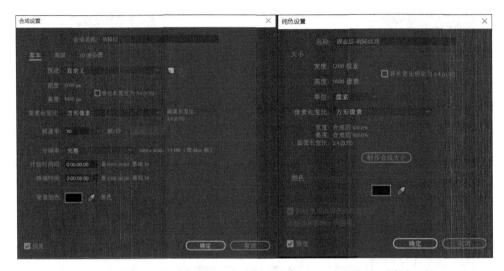

图 8-10　新建"故障层"合成和"固态图层-故障纹理"图层

Step⑩ 为"固态图层-故障纹理"图层添加纹理效果，并适当调整纹理属性。

选中"固态图层-故障纹理"图层，选择"效果"→"杂色和颗粒"→"分形杂色"选项，展开"分形杂色"选项。

设置"分形类型"为"最大值"，"杂色类型"为"块"，"对比度"为"120.0"，"旋转"为"0x+30.0°"。取消选中"约束比例"复选框，并设置"缩放宽度"为"300.0"，"缩放高度"为"10.0"，"缩放"为"150%"，如图 8-11 所示。

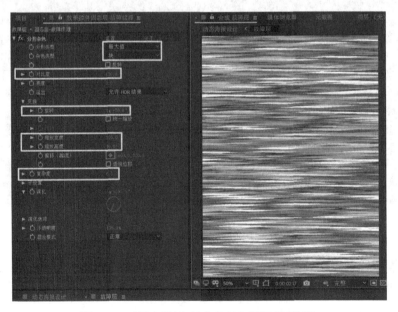

图 8-11　"固态图层-故障纹理"图层纹理制作

Step⓫ 接下来进行故障效果动态纹理的制作。选中"故障层"合成，选择分形杂色选项，按住 Alt 键的同时，单击"演化"属性前的"码表"按钮，打开"演化"属性的表达式面板，输入表达式"time*1200"；同理，选择"变换"选项，打开"位置"属性的表达式面板，输入表达式"wiggle (50,50)"，如图 8-12 所示。

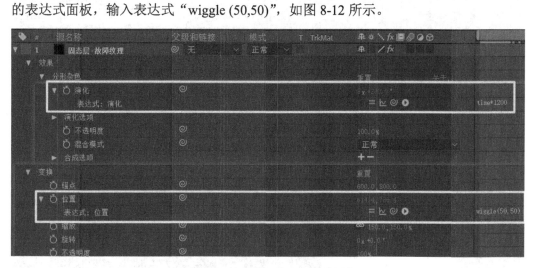

图 8-12　故障效果动态纹理的制作

Step⓬ 将主体文本用"文本"图层进行替换。新建一个文本图层并命名为"主机固定装置"，设置"字体"为"思源黑体：CN"，"字号"为"180 像素"，"字间距"为"25"，"颜色"为"#CBE600"。替换文本参考如图 8-13 所示。

图 8-13　替换文本参考

Step⓭ 为"主机固定装置"文本图层添加故障效果，并将"故障层"合成拖动到"动态海报设计"合成中。选中"主机固定装置"文本图层，选择"效果"→"扭曲"→"置换图"选项，将"故障层"绑定到"置换图层"图层，设置"最大水平置换"为"50"，如图 8-14 所示。

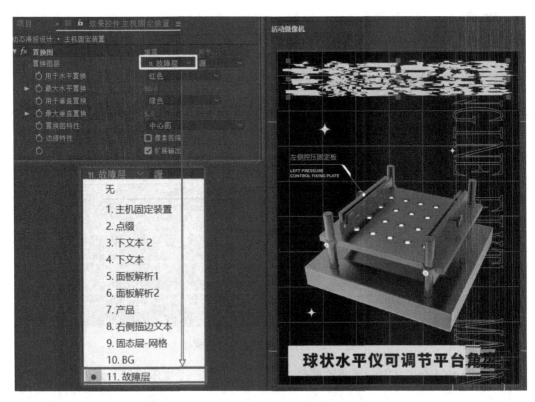

图 8-14　为"主机固定装置"图层添加故障效果

Step⑭ 进入"故障层"合成,裁剪"固态图层-故障纹理"图层的时间段并复制多份,随机时间段长度并随机分散在时间轴范围内,即可产生随机故障效果,使主体文本变换更加丰富,如图 8-15 所示。

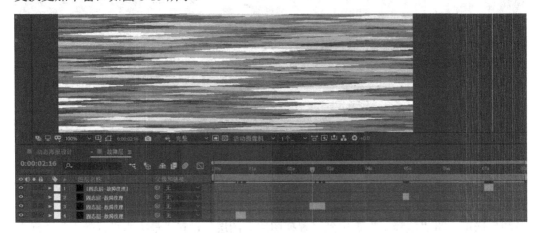

图 8-15　制作随机故障效果

Step⓯ 通过预览和调整部分细节参数和运动曲线，使效果更加自然柔和，此时动态海报效果即制作完成。

※拓展训练

参照本书资料中的样片效果，利用资料中提供的素材，制作一个其他风格的动态海报效果，并输出为 MP4 格式或 GIF 格式的视频。

任务 2　设计动态表情包

※任务目标

掌握动态表情包的制作方法，能够熟练应用相关素材，了解常见的动态表情包设计技巧。

※任务导引

人们所熟知的动态表情包大部分都是在前期软件中进行绘制，然后在后期软件进行效果添加制作而成。本任务将组合运用基础变换属性和"父级和链接"等效果或技术，制作一个动态表情包效果。动态表情包效果如图 8-16 所示。

图 8-16　动态表情包效果

※知识准备

【知识点 1】基础变换属性

该部分内容前文已介绍，这里不再赘述。

【知识点 2】运动曲线

该部分内容前文已介绍，这里不再赘述。

【知识点 3】父级链接

该部分内容前文已介绍，这里不再赘述。

※ **任务实施**

Step① 先在前期软件中进行绘制表情包，并将表情包中需要后期添加效果的元素进行单独分层并重命名，设置"画板尺寸"为"540px×540px"，如图 8-17 所示。

图 8-17　前期工程设置

Step② 将工程文件导入项目。右击项目窗口，在弹出的快捷菜单中选择"导入"→"文件"命令，在弹出的对话框中，设置"导入为"为"合成-保持图层大小"，工程文件分层导入如图 8-18 所示。

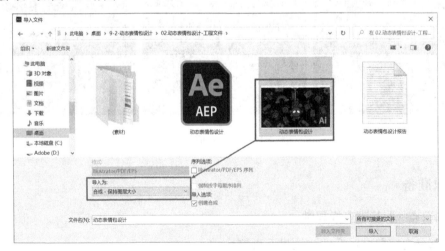

图 8-18　工程文件分层导入

Step❸ 进入合成后对动态元素行经的锚点进行调整。这里使用工具栏中的"锚点调节工具"来对表情包元素的锚点进行调整。

（1）"手脚"的"锚点"应在关节处。

（2）"头部"的"锚点"应在脖子处或头部下方。

（3）"身子"的"锚点"应在整体的重心。

（4）"蛛丝"的"锚点"应在画面的顶部边缘处。

"锚点"位置绑定设置如图 8-19 所示。

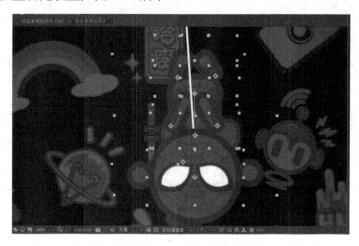

图 8-19　"锚点"位置绑定设置

Step❹ 锚点的调整已完成，接下来设置各个组件的父级和链接。

（1）以"身子"图层为父级图层，链接"右手""左手""右脚""左脚"图层。

（2）以"头"图层为父级图层，链接"眼睛"图层。

（3）以"蛛丝"图层为父级图层，链接"身子"图层。

各个组件的父子链接设置如图 8-20 所示。

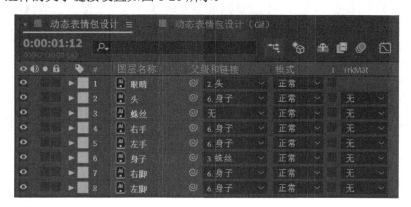

图 8-20　各个组件的父子链接设置

Step⑤ 新建一个合成并设置合成属性。选择"合成"→"新建合成"选项，在弹出的"合成设置"对话框中，设置"合成名称"为"动态表情包设置"，"预设"为"自定义"，"宽度"为"540px"，"高度"为"540px"，"帧速率"为"30帧/秒"，"持续时间"为"0:00:06:00"。合成设置调整如图 8-21 所示。

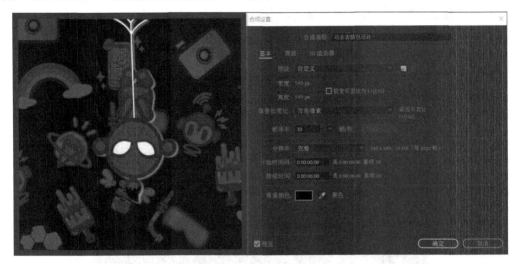

图 8-21　合成设置调整

Step⑥ 为合成添加整体运动效果。选中"动态表情包设置"合成，选择"蛛丝"→"变换"→"旋转"选项，为"蛛丝"组件添加关键帧动画，使整体元素进入画面。

第 0 帧，设置"旋转"为"0x+120.0°"；第 1 秒，设置"旋转"为"0x-30.0°"；第 1 秒 20 帧，设置"旋转"为"0x+20.0°"；第 2 秒 5 帧，设置"旋转"为"0x-10.0°"；第 2 秒 15 帧，设置"旋转"为"0x+0.0°"；为关键帧主体添加缓动效果。"蛛丝"组件入场动画曲线如图 8-22 所示。

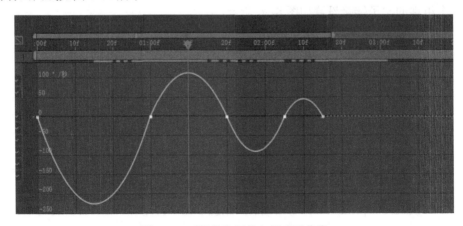

图 8-22　"蛛丝"组件入场动画曲线

Step❼ 为右手添加招手效果。选中"右手"图层，选择"变换"选项，为"旋转"属性添加关键帧动画。

第 3 秒，设置"旋转"为"0x+0.0°"；第 3 秒 10 帧，设置"旋转"为"0x+150.0°"；第 3 秒 20 帧，设置"旋转"为"0x+75.0°"；第 4 秒，设置"旋转"为"0x+150.0°"；第 4 秒 10 帧，设置"旋转"为"0x+10.0°"。为关键帧主体添加缓动效果。右手招手效果曲线如图 8-23 所示。

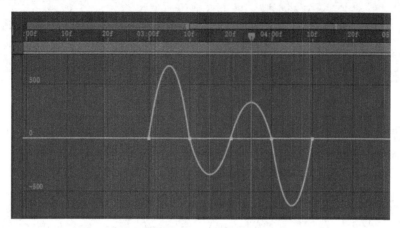

图 8-23　右手招手效果曲线

Step❽ 为眼睛添加眨眼效果。选中"眼睛"图层，选择"变换"选项，取消选中"约束比例"复选框，并为"缩放"属性添加关键帧动画。将第 4 秒、第 4 秒 5 帧、第 4 秒 10 帧、第 4 秒 15 帧、第 4 秒 20 帧的"缩放"参数依次设置为"100.0，100.0%""100.0，75.0%""100.0，110.0%""100.0，75.0%""100.0，100.0%"，为关键帧主体添加缓动效果。眼部招手效果曲线如图 8-24 所示。

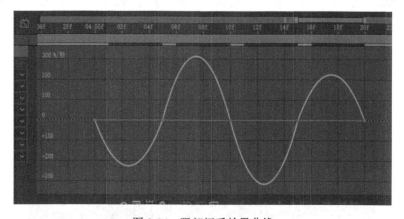

图 8-24　眼部招手效果曲线

Step⑨ 为身子添加运动效果。选中"身子"图层，选择"变换"选项，为"位置"属性添加关键帧动画。第 4 秒 20 帧，设置"位置"为"125.0，220.0"；第 5 秒，设置"位置"为"125.0，220.0"；为关键帧主体添加缓动效果。身子动态效果调整如图 8-25 所示。

图 8-25　身子动态效果调整

Step⑩ 为蛛丝添加离场运动效果。选中"蛛丝"图层，选择"变换"选项，为"位置"属性添加关键帧动画。第 5 秒，设置"位置"为"280.0，-40.0"；第 6 秒，设置"位置"为"280.0，-500.0"；为关键帧主体添加缓动效果。蛛丝动态效果调整如图 8-26 所示。

图 8-26　蛛丝动态效果调整

Step⑪ 对除"背景"图层外的所有运动图层组件进行"预合成"操作，并为生成的合成添加投影效果，使其画面更加清晰丰富。选中新生成的合成，选择"效果"→"透视"→"投影"选项，选择"投影"选项，设置"阴影颜色"为"白色"，"不透明度"为"50%"，"方向"为"0x+120.0°"，"距离"为"5.0"，"柔和度"为"5.0"。"投影"效果设置如图 8-27 所示。

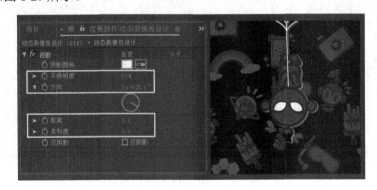

图 8-27　"投影"效果设置

◈拓展训练

参照本书资料中的样片效果，利用资料中提供的工程素材，制作一个其他风格的基础动态表情包，并输出为 MP4 或 GIF 格式的视频。

任务 3　制作 UI 界面启动动画

◈任务目标

掌握 UI 界面启动动画的制作，熟悉相关素材的应用，了解常见的 UI 动画搭建思路。

◈任务导引

人们所熟知的 UI 界面启动动画大部分都是通过 AE 制作的。本任务将讲解 AE 中形状图层与其他素材的综合应用和效果的添加方法与技巧。UI 界面启动动画效果如图 8-28 所示。

图 8-28　UI 界面启动动画效果

◈知识准备

【知识点 1】基础变换属性

这部分内容前文已介绍，这里不再赘述。

【知识点 2】运动曲线

这部分内容前文已介绍，这里不再赘述。

【知识点 3】父级和链接

这部分内容前文已介绍，这里不再赘述。

❖ 任务实施

Step❶ 先新建一个合成。选择"合成"→"新建合成"选项，在弹出的"合成设置"对话框中，设置"合成名称"为"UI 界面启动动画设计"，"预设"为"自定义"，"宽度"为"1280px"，"高度"为"720px"，"帧速率"为"30 帧/秒"，"持续时间"为"0:00:06:00"。

然后，新建一个纯色背景图层并命名为"BG"，设置"颜色"为"#2D2D2D"。合成设置与纯色设置如图 8-29 所示。

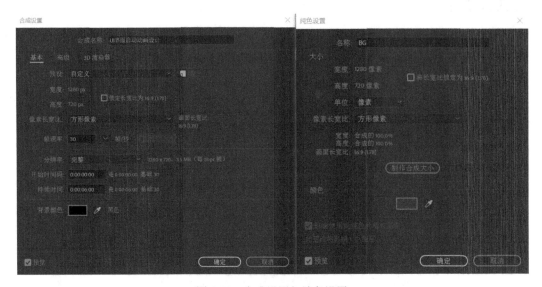

图 8-29 合成设置与纯色设置

Step❷ 制作界面开启时的蒙版擦除动态效果。双击工具栏中的"椭圆工具"按钮，绘制一个椭圆形状并命名为"圆"。选中"圆"图层，选择"内容"→"椭圆 1"→"椭圆路径 1"选项，设置"大小"为"200.0，200.0"；选择"变换"选项，设置"不透明度"为"50%"，为"缩放"属性添加关键帧动画。

第 0 帧，设置"缩放"为"0.0，0.0%"；第 1 秒，设置"缩放"为"100.0，100.0%"。"圆"图层动态效果设置如图 8-30 所示。

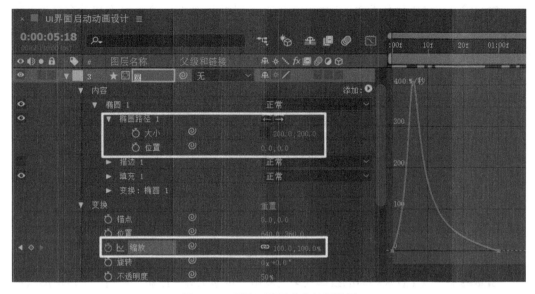

图 8-30　"圆"图层动态效果设置

Step❸ 制作界面开启蒙版擦除动态效果。双击工具栏中的"椭圆工具"按钮，绘制一个椭圆形状并命名为"圆 2"。选中"圆 2"图层，选择"内容"→"椭圆 1"→"椭圆路径 1"选项，设置"大小"为"200.0，200.0"；选择"变换"选项，设置"不透明度"为"100%"，为"缩放"属性添加关键帧动画。

第 5 帧，设置"缩放"为"0.0，0.0%"；第 1 秒 5 帧，设置"缩放"为"100.0，100.0%"。设置"圆"图层的叠加模式为"Alpha 反转遮罩"。"圆 2"图层遮罩动画效果设置如图 8-31 所示。

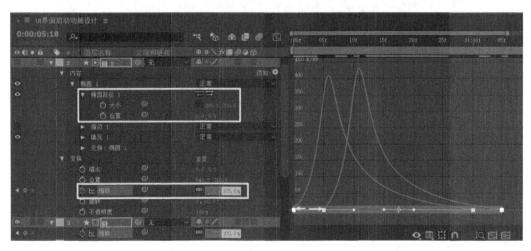

图 8-31　"圆 2"图层遮罩动画效果设置

Step④ 制作 UI 登录界面。双击"矩形工具"按钮，绘制一个矩形形状并命名为"登录界面"。选中"登录界面"图层，选择"内容"→"矩形 1"→"矩形路径 1"选项，设置"大小"为"300.0，300.0"，"圆度"为"15.0"，"形状填充颜色"为"#3C3C3C"，如图 8-32 所示。

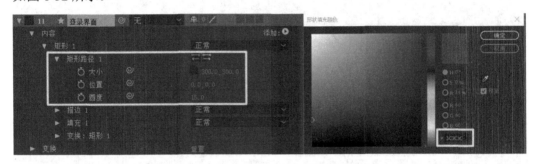

图 8-32 "登录界面"图层设置

Step⑤ 制作 UI 登录界面的投影效果。双击"矩形工具"按钮，绘制一个矩形形状并命名为"登录界面-阴影"。选中"登录界面-阴影"图层，选择"内容"→"矩形 1"→"矩形路径 1"选项，设置"大小"为"300.0，300.0"，"圆度"为"15.0"，"形状填充颜色"为"纯黑"。

为该添加模糊阴影效果，使其画面更加清晰。选中"登录界面-阴影"图层，选择"效果"→"模糊和锐化"→"高斯模糊"选项，选择"高斯模糊"选项，设置"模糊度"为"100.0"。"登录界面-阴影"图层如图 8-33 所示。

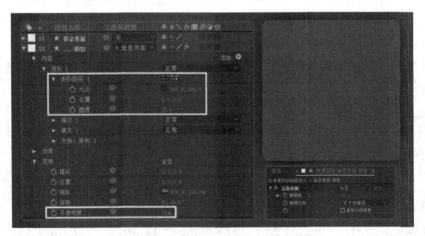

图 8-33 "登录界面-阴影"图层设置

Step⑥ 制作 UI 登录界面的主标题。新建一个文本图层并命名为"VISION-DESIGN"，设置其"锚点"位于界面中上方，"字体"为"思源黑体：CN"，"字号"为"24 像素"，"字间距"为"25"。UI 登录界面主标题文本设置如图 8-34 所示。

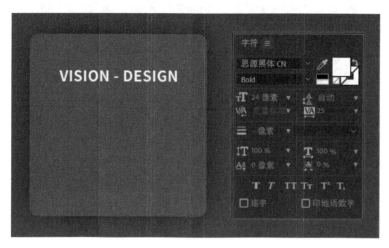

图 8-34　UI 登录界面主标题文本设置

Step❼ 制作 UI 登录界面的输入界面。双击"矩形工具"按钮，绘制一个矩形形状，并命名为"用户名"。选中"用户名"图层，选择"内容"→"矩形 1"→"矩形路径 1"选项，设置"大小"为"200.0，40.0"，"填充形状颜色"为"#504673"；选择"描边"选项，设置"描边颜色"为"纯白"，"描边宽度"为"1px"；选择"变换"选项，设置"不透明度"为"25%"；在矩形中添加圆形进行点缀，移动图层锚点到界面左上角。

新建一个文本图层并命名为"Username"，调节其位置，使其位于输入栏左侧居中处。选中该图层，设置"字体"为"思源黑体：CN"，"字号"为"12 像素"，"字间距"为"25"，以"Username"图层为子级链接到"用户名"图层，并调整"用户名"图层的"位置"为"-100.0，50.0"。UI 登录界面的输入界面设置如图 8-35 所示。

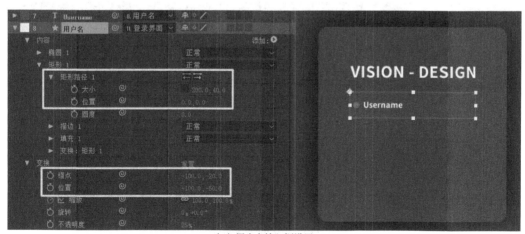

（a）用户名输入框设置

图 8-35　UI 登录界面的输入界面设置 1

（b）用户名文本设置

图 8-35（续）

Step❽ 继续制作 UI 登录界面的输入界面。双击"矩形工具"按钮，绘制一个矩形形状，并命名为"账号密码"。选中"账号密码"图层，选择"内容"→"矩形 1"→"矩形路径 1"选项，设置"大小"为"200.0，40.0"，"形状填充颜色"为"#504673"；选择"描边 1"选项，设置"描边颜色"为"纯白"，"描边宽度"为"1px"；选择"变换"选项，设置"不透明度"为"25%"；最后在矩形形状中添加圆形作为点缀，移动图层锚点到界面左上角。

新建一个文本图层并命名为"Password"，调整其位置于输入栏左侧居中处。选中该图层，设置"字体"为"思源黑体：CN"，"字号"为"12 像素"，"字间距"为"25"；以"Password"图层为子级链接到"账号密码"图层，并调整"账号密码"图层的"位置"为"−100.0，0.0"。UI 登录界面的输入界面设置如图 8-36 所示。

（a）账号密码输入框设置

图 8-36　UI 登录界面的输入界面设置 2

（b）账号密码文本设置

图 8-36（续）

Step❾ 继续制作 UI 登录界面的输入界面。双击"矩形工具"按钮，绘制一个矩形形状，并命名为"登录键"。选中"登录键"图层，选择"内容"→"矩形 1"→"矩形路径 1"选项，设置"大小"为"200.0，40.0"，"形状填充颜色"为"R:200，G:200，B:200"；选择"变换"选项，设置"不透明度"为"25%"。

新建一个文本图层并命名为"LOGIN"，调整其位置，使其位于输入栏居中处。选中"LOGIN"图层，设置"字体"为"思源黑体：CN"，"字号"为"12 像素"，"字间距"为"200"；以"LOGIN"图层为子级链接到"登录键"图层，并调整"登录键"图层的"位置"为"0.0，80.0"。UI 登录界面的输入界面设置 3 如图 8-37 所示。

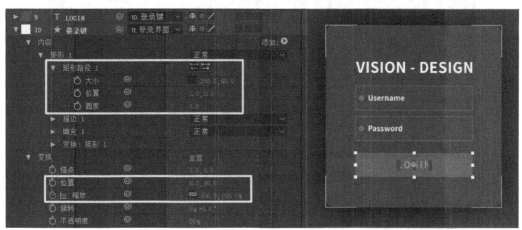

（a）"LOGIN"输入框设置

图 8-37　UI 登录界面的输入界面设置 3

（b）"LOGIN"文本设置

图 8-37（续）

Step⑩ 调整已有图层之间的父级和链接，以"登录界面"图层为父级，通过对其"变换"属性的变换来操控其链接的子级的变换，如图 8-38 所示。

图 8-38 父级和链接的检查与调整

Step⑪ 为"登录界面"图层添加出场动画。

第 20 帧，设置"缩放"为"0.0，0.0%"，"不透明度"为"0%"；第 1 秒 20 帧，设置"缩放"为"100.0，100.0%"，"不透明度"为"100%"；为"缩放"属性添加缓动效果并调整其运动曲线。"登录界面"图层出场动画设置如图 8-39 所示。

型

图 8-39　"登录界面"图层出场动画设置

Step⑫ 选中"用户名"和"账号密码"图层，同时为其添加展出动画。

第 1 秒 20 帧，设置"缩放"为"0.0，0.0%"；第 2 秒 20 帧，设置"缩放"为"100.0，100.0%"；为"缩放"属性添加缓动效果并调节其运动曲线。"用户名"和"账号密码"图层的展出动画设置如图 8-40 所示。

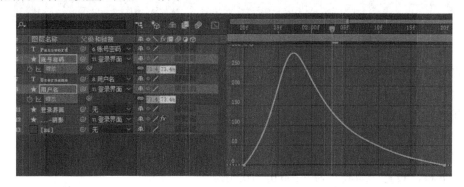

图 8-40　"用户名"和"账号密码"图层的展出动画设置

Step⑬ 为"VISION-DESIGN"图层添加由上至下的缩放效果，取消选中"约束比例"复选框。

第 1 秒 10 帧，设置"缩放"为"100.0，0.0%"；第 2 秒 10 帧，设置"缩放"为"100.0，100.0%"；最后调整其运动曲线。"VISION-DESIGN"图层出场动画设置如图 8-41 所示。

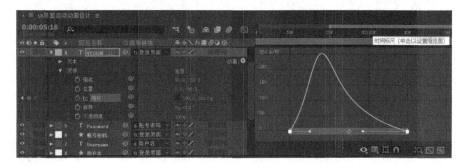

图 8-41　"VISION-DESIGN"图层出场动画设置

Step⓮ 为"登录键"图层添加展出动画。

第2秒，设置"缩放"为"0.0，0.0%"；第3秒，设置"缩放"为"100.0，100.0%"；为"缩放"属性添加缓动效果，并调整其运动曲线。"登录键"图层展出动画如图8-42所示。

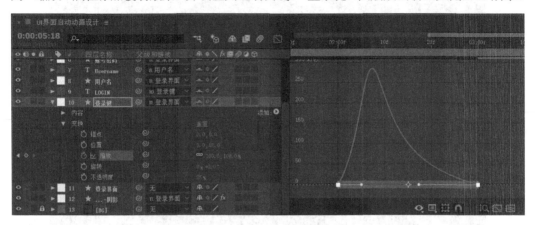

图8-42 "登录键"图层展出动画设置

Step⓯ 使用"钢笔工具"绘制所需的"鼠标"形状，并为其添加关键帧动画，制作鼠标滑动点击效果。

第3秒，设置"位置"为"1400.0，600.0"。

第5秒，设置"位置"为"710.0，460.0"缩放为"100.0，100.0%"。

第5秒20帧，设置"缩放"为"75.0，75.0%"。

第6秒，设置"缩放"为"100.0，100.0%"。

为鼠标添加运动曲线，完成整体UI动态效果的制作。鼠标动画设置如图8-43所示。

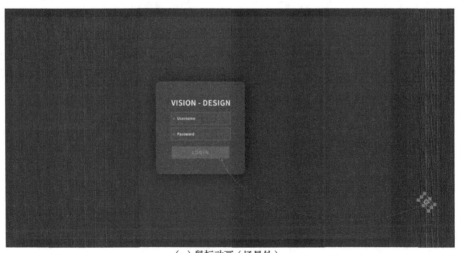

（a）鼠标动画（场景外）

图8-43 鼠标动画设置

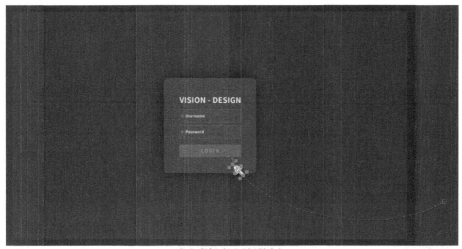

（b）鼠标动画（场景内）

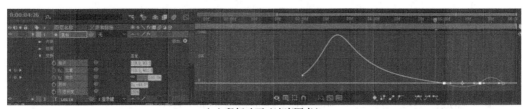

（c）鼠标动画（速度图表）

图 8-43（续）

拓展训练

参照本书资料中的样片效果，利用资料中提供的素材，制作一个其他风格的 UI 界面启动动画效果，并输出成 MP4 或 GIF 格式的视频。

任务 4　制作手机广告

任务目标

掌握手机广告的制作方法，熟悉相关素材的使用，了解手机广告设计技巧。

任务导引

人们生活中所见到的很多手机页面广告都是通过 AE 制作的。先在前期软件中绘制和编排元素画面，再通过后期软件进一步绘制并添加动态效果。本任务将带领大家一起制作手机广告动态效果。手机广告动态效果如图 8-44 所示。

图 8-44　手机广告动态效果

▓▓知识准备

【知识点】摄像机应用技巧

- 新建查看器窗口可以在不同的视角下观察三维状态下物体的位置及其变化状态。
- 在自定义视图下，可以观察摄像机及灯光等辅助图层的位置及其状态变化。
- 摄像机选项介绍如下。
- 缩放：类似于镜头的推拉，用于控制摄像头的大小。
- 景深：视线（图像）的模糊虚化。
- 焦距：可以通过调节焦距来调整景深的模糊程度。
- 光圈：控制光线进光量的组件。
- 模糊层次：用于调整模糊程度的大小。

▓▓任务实施

Step❶ 首先，进行前期工程文件中的素材分层，有效的分层可以使画面更加丰富，以及便于动态效果的添加。前期工程文件素材的分层与重命名参考如图 8-45 所示。

图 8-45　前期工程文件素材的分层与重命名参考

Step❷ 导入前期工程文件：右击项目窗口，在弹出的快捷菜单中选择"导入"→"文件"命令，在弹出的"导入文件"对话框中，设置"导入为"为"合成-保持图层大小"，并双击"手机广告.ai"图标进入"手机广告.ai"文件中调整合成设置。选择"合成"→"新建合成"选项，在弹出的"合成设置"对话框中，设置"合成名称"为"手机广告"，"预设"为"自定义"，"宽度"为"640px"，"高度"为"960px"，"帧速率"为"30 帧/秒"，"持续时间"为"0:00:05:00"。基础合成设置如图 8-46 所示。

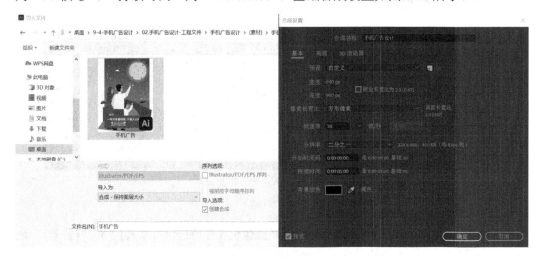

图 8-46　基础合成设置

Step❸ 为"男人胳膊"和"孩子胳膊"图层添加基础抖动表达式，为其添加运动效果。首先，调整两个图层的锚点到关节处，按住 Alt 键，单击"旋转"属性前的"码表"按钮，打开其"旋转"属性的表达式面板，输入表达式"wiggle(0.5,15)"。最后，对"男人胳膊""男人""女人""孩子胳膊""小孩"图层进行"预合成"操作，并将生成的合成命名为"[家人]"。对"地面""月亮""背景"图层进行"预合成"操作，并将生成的合成命名为"[背景]"。动态效果设置和"预合成"操作如图 8-47 所示。

（a）"家人"图层锚点调整

图 8-47　动态效果设置和"预合成"操作

◆	#	图层名称	单 ✦ ＼ fx ■ ◎ ◎ ◎	父级和链接	
▼	1	男胳膊	单 ／	无	
▼		○ 旋转	0x +1.4°	无	
		表达式: 旋转	= ⊿ ◎ ▶		wiggle(0.5,15)
▼	2	孩子胳膊	单 ／	◎ 无	
▼		○ 旋转	0x -2.0°	◎	
		表达式: 旋转	= ⊿ ◎ ▶		wiggle(0.5,15)

（b）添加抖动表达式

● ◆ ● 🔒	◆	#	图层名称	单 ✦ ＼ fx ■ ◎ ◎ ◎	模式	T
●		2	文案	单 ／	正常	
●		3	[家人]	单 ／ ◎	正常	
●		4	[背景]	单 ／ ◎	正常	

手机广告设计 × 手机广告 ≡ 家人

0:00:04:16

（c）进行"预合成"操作

图 8-47（续）

Step❹ 新建一个摄像机图层并命名为"摄像机1"，打开"[家人]"和"[背景]"合成的三维开关，为接下来的摄像机动画制作奠定基础。设置摄像机的"类型"为"双节点摄像机"，"单位"为"毫米"，"量度胶片大小"为"水平"。摄像机设置及其层级位置如图 8-48 所示。

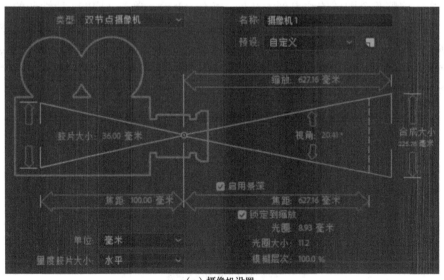

（a）摄像机设置

图 8-48　摄像机设置及其层级位置

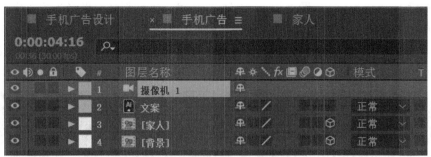

（b）摄像机层级位置

图 8-48（续）

Step⑤ 调整 "[家人]" 和 "[背景]" 合成的位置关系和尺寸，可以在查看器窗口的 "左侧视图" 下进行辅助查看，如图 8-49（a）所示。

为 "[家人]" 合成的 "变换" 属性添加关键帧动画，设置 "位置" 为 "320.0，480.0，0.0"，"缩放" 为 "100.0，100.0%"。

为 "[背景]" 合成的 "变换" 属性添加关键帧动画，设置 "位置" 为 "320.0，480.0，500.0"，"缩放" 为 "160.0，160.0%"。"[家人]" 和 "[背景]" 合成的位置关系和尺寸设置如图 8-49（b）所示。

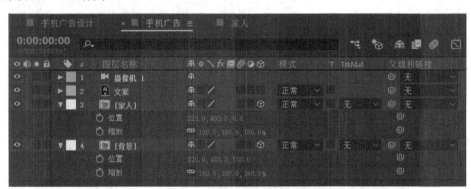

（a）查看器窗口预览

（b）"[家人]" 和 "[背景]" 合成的位置关系和尺寸设置

图 8-49　预览及调整 "[家人]" 和 "[背景]" 合成的位置关系和尺寸

Step❻ 为"摄像机 1"图层添加"变换"效果，以控制摄像机镜头的变化。

选中"摄像机 1"图层，展开"变换"属性，为其添加关键帧动画。第 0 帧，设置"位置"为"500.0，180.0，-1150.0"；第 4 秒，设置"位置"为"350.0，390.0，-1800.0"；调整其运动曲线以控制节奏。"摄像机 1"图层"变换"效果设置如图 8-50 所示。

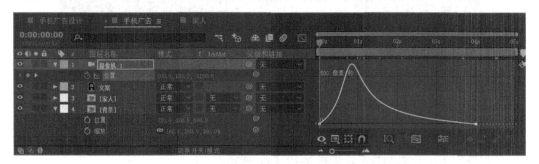

（a）摄像机动画添加与曲线调整

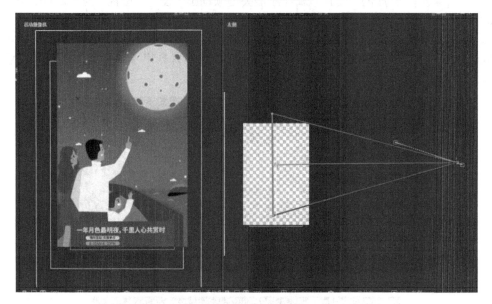

（b）摄像机运镜查看器预览

图 8-50　"摄像机 1"图层"变换"效果设置

Step❼ 为"文案"图层添加变换效果。先设置该图层的"缩放"为"80.0，80.0%"，再为其添加运动变化。

第 15 帧，设置"位置"为"320.0，1300.0"；第 1 秒 20 帧，设置"位置"为"320.0，880.0"。之后调整其运动曲线，如图 8-51 所示。

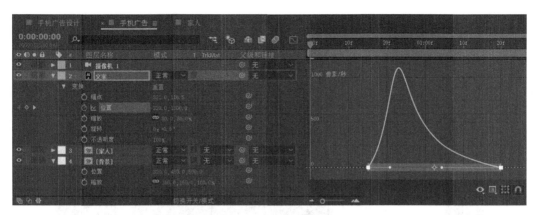

图 8-51　为"文案"图层添加变换效果

Step❽ 新建一个合成并命名为"手机广告设计"，调整该合成的设置，设置"宽度"为"640px"，"高度"为"960px"，"帧速率"为"30 帧/秒"，"持续时间"为"0:00:05:00"，如图 8-52 所示。

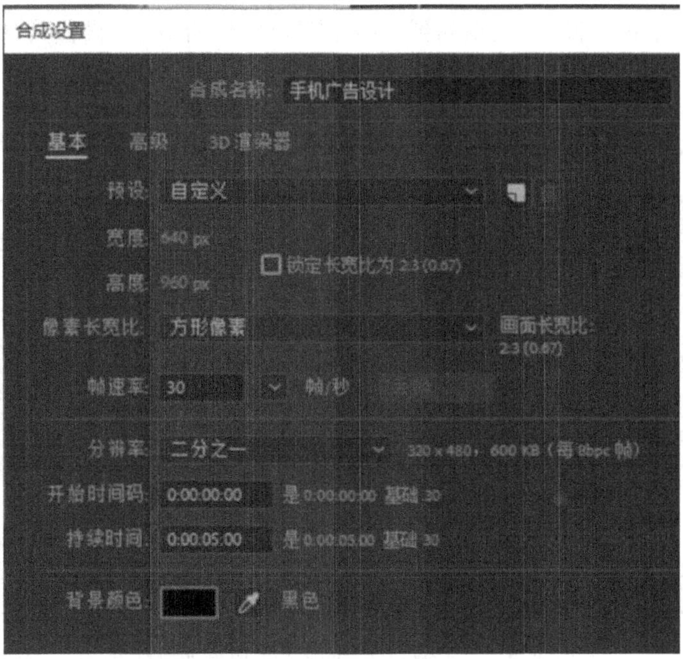

图 8-52　"手机广告设计"合成设置

Step❾ 在"手机广告设计"合成中导入"手机素材.png"素材，设置其"缩放"为"160.0，140.0%"；新建一个深蓝色的纯色图层，如图 8-53 所示。

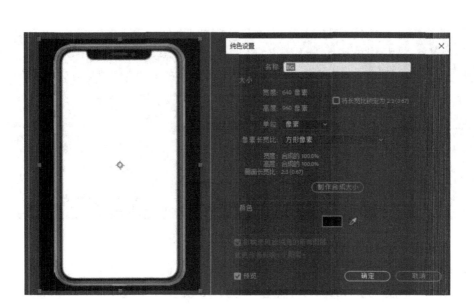

图 8-53　纯色图层设置

Step⑩ 将"手机广告"合成拖动到"手机广告设计"合成中，设置其"缩放"为"90.0，90.0%"。使用"钢笔工具"在"手机广告"合成上，以"手机素材.png"图层的屏幕为基准勾勒画面范围形成画面蒙版，此时手机广告动态效果基本完成，只需要调整部分细节即可，如图 8-54 所示。

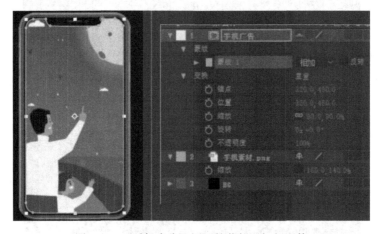

图 8-54　"手机广告"图层的蒙版添加与调整

▒拓展训练

参照本书资料中的样片效果，利用资料中提供的工程素材，制作一个其他风格的手机广告，并输出为 MP4 格式或 GIF 格式的视频。

附　　录

附录 A　After Effects 快捷键大全

项目窗口中的操作

新建项目：Ctrl+Alt+N

打开项目：Ctrl+O

打开上次打开的项目：Ctrl+Alt+Shift+P

保存项目：Ctrl+S

选择上一子项：上箭头

选择下一子项：下箭头

打开选择的素材项或合成图像：双击

在 AE 素材窗口中打开影片：Alt+双击

激活最近激活的合成图像：\

添加选择的子项到最近激活的合成图像中：Ctrl+/

显示所选的合成图像的设置：Ctrl+K

添加所选的合成图像到渲染队列窗口：Ctrl+Shift+/

导入一个素材文件：Ctrl+I

导入多个素材文件：Ctrl+Alt+I

替换所选图层的源素材或合成图像：Alt+从项目窗口拖动素材项到合成图像

替换素材文件：Ctrl+H

设置解释素材选项：Ctrl+F

扫描发生变化的素材：Ctrl+Alt+Shift+L

重新导入素材：Ctrl+Alt+L

新建文件夹：Ctrl+Alt+Shift+N

记录素材解释方法：Ctrl+Alt+C

应用素材解释方法：Ctrl+Alt+V

设置代理文件：Ctrl+Alt+P

退出：Ctrl+Q

在打开的窗口中循环：Ctrl+Tab

显示/隐藏标题安全区域和动作安全区域：'

显示/隐藏网格：Ctrl+'

显示/隐藏对称网格：Alt+'

居中激活窗口：Ctrl+Alt+\

动态修改窗口：Alt+拖动属性控制

在当前窗口的标签间循环：Shift+,或 Shift+.

在当前窗口的标签间循环并自动调整大小：Alt+Shift+,或 Alt+Shift+.

快照（最多 4 个）：Ctrl+F5/F6/F7/F8

显示快照：F5、F6、F7、F8

清除快照：Ctrl+Alt+F5/F6/F7/F8

显示通道（RGBA）：Alt+1/2/3/4

带颜色显示通道（RGBA）：Alt+Shift+1/2/3/4 或 Shift+单击通道图标 "\"

带颜色显示遮罩通道：Shift+单击 Alpha 通道图标

备份：Ctrl+C

复制：Ctrl+D

剪切：Ctrl+X

粘贴：Ctrl+V

撤销：Ctrl+Z

重做：Ctrl+Shift+Z

选择全部：Ctrl+A

取消全部选择：Ctrl+Shift+A 或 F2

图层、合成图像、文件夹、效果更名：Enter（数字键盘）

在原应用程序中编辑子项（仅限素材窗口）：Ctrl+E

放大时间：主键盘上的 "="

缩小时间：主键盘上的 "-"

定位点：A

音频级别：L

音频波形：LL

效果：E

蒙版羽化：F

蒙版形状：M

蒙版不透明度：TT

不透明度：T

位置：P

旋转：R

时间重映射：RR

缩放：S

显示所有动画值：U

在对话框中设置图层属性值（与 P、S、R、F、M 一起）：Ctrl+Shift+属性快捷键

隐藏属性：Alt+Shift+单击属性名

弹出属性滑杆：Alt+单击属性名

增加/删除属性：Shift+单击属性名

重设所有选择的图层的设置：Alt+单击图层开关

打开不透明对话框：Ctrl+Shift+O

打开定位点对话框：Ctrl+Shift+Alt+A

设置当前时间标记为工作区开始：B

设置当前时间标记为工作区结束：N

设置工作区为选择图层：Ctrl+Alt+B

未选择图层时，设置工作区为合成图像长度：Ctrl+Alt+B

设置关键帧速度：Ctrl+Shift+K

设置关键帧插值法：Ctrl+Alt+K

增加或删除关键帧（计时器开启时）或开启时间变化计时器：Alt+Shift+属性快捷键

选择一个属性的所有关键帧：单击属性名

增加一个效果的所有关键帧到当前关键帧选择：Ctrl+单击效果名

逼近关键帧到指定时间：Shift+拖动关键帧

向前移动关键帧一帧：Alt+右箭头

向后移动关键帧一帧：Alt+左箭头

向前移动关键帧十帧：Shift+Alt+右箭头

向后移动关键帧十帧：Shift+Alt+左箭头

在选择的图层中选择所有可见的关键帧：Ctrl+Alt+A

到前一可见关键帧：J

到后一可见关键帧：K

合成图像和时间布局窗口中图层的精确操作

旋转图层 1.0°：+（数字键盘）

旋转图层-1.0°度：-（数字键盘）

放大图层 1%：Ctrl+ +（数字键盘）

缩小图层 1%：Ctrl+ -（数字键盘）

移动、旋转和缩放变化量为 10：Shift+快捷键

选择上一个效果：上箭头

选择下一个效果：下箭头

清除图层上的所有效果：Ctrl+ Shift+E

增加效果控制的关键帧：Alt+单击效果属性名

激活包含图层的合成图像窗口：\

应用上一个效果：Ctrl+Alt+Shift+E

添加图层时间标记：*（数字键盘）

清除图层时间标记：Ctrl+单击标记

到前一个可见图层的时间标记或关键帧：Alt+J

到下一个可见图层的时间标记或关键帧：Alt+K

在渲染队列窗口制作影片：Ctrl+ M

激活最近激活的合成图像：\

将激活的合成图像添加到渲染队列窗口：Ctrl+ Shift+/

在队列中不带输出名复制子项：Ctrl+D

保存帧：Ctrl+Alt+S

打开渲染队列窗口：Ctrl+Alt+O

打开项目窗口：Ctrl+O

进入项目流程视图：F11

打开工具箱：Ctrl+1

打开信息面板：Ctrl+2

打开时间线面板：Ctrl+3

打开音频面板：Ctrl+4

显示/隐藏所有面板：Tab

新建一个合成：Ctrl+N

关闭激活的标签/窗口：Ctrl+W

关闭激活窗口（所有标签）：Ctrl+Shift+W

关闭激活窗口（除项目窗口）：Ctrl+Alt+W

到工作区开始：Home

到工作区结束：Shift+End

到前一可见关键帧：J

到后一可见关键帧：K

到前一可见图层的时间标记或关键帧：Alt+J

到后一可见图层的时间标记或关键帧：Alt+K

滚动选择的图层到时间布局窗口的顶部：X

滚动当前时间标记到窗口中心：D

到指定时间：Ctrl+G

到开始处：Home 或 Ctrl+Alt+左箭头

到结束处：End 或 Ctrl+Alt+右箭头

向前一帧：Page Down 或左箭头

向前十帧：Shift+Page Down 或 Ctrl+Shift+左箭头

向后一帧：Page Up 或右箭头

向后十帧：Shift+Page Up 或 Ctrl+Shift+右箭头

到图层的入点：i

到图层的出点：o

逼近子项到关键帧、时间标记、入点和出点：Shift+拖动子项

开始/停止播放：空格

从当前时间点预视音频：.（数字键盘）

RAM 预视：0（数字键盘）

每隔一帧的 RAM 预视：Shift+0（数字键盘）

保存 RAM 预视：Ctrl+0（数字键盘）

快速视频：Alt+拖动当前时间标记

快速音频：Ctrl+拖动当前时间标记

线框预视：Alt+0（数字键盘）

线框预视时用矩形替代 Alpha 轮廓：Ctrl+Alt+0（数字键盘）

矩形预视时保留窗口内容：Ctrl+Shift+Alt+0（数字键盘）

放在最前面：Ctrl+Shift+]

向前提一级：Shift+]

向后放一级：Shift+ [

放在最后面：Ctrl+Shift+ [

选择下一图层：Ctrl+下箭头

选择上一图层：Ctrl+上箭头

取消选中所有图层：Ctrl+Shift+A

锁定所选图层：Ctrl+L

释放所有图层的锁定：Ctrl+Shift+L

分裂所选图层：Ctrl+Shift+D

激活合成图像窗口：\\

在图层窗口中显示选择的图层：Enter（数字键盘）

显示隐藏视频：Ctrl+Shift+Alt+V

隐藏其他视频：Ctrl+Shift+V

显示所选图层的效果控制窗口：Ctrl+Shift+T 或 F3

切换合成图像窗口和时间布局窗口：\

打开源图层：Alt++双击图层

在合成图像窗口中不拖动句柄缩放图层：Ctrl+拖动图层

在合成图像窗口中逼近图层到框架边和中心：Alt+Shift+拖动图层

逼近网格转换：Ctrl+Shit+"

逼近参考线转换：Ctrl+Shift+;

拉伸图层使其适配合成图像窗口：Ctrl+Alt+F

图层的反向播放：Ctrl+Alt+R

设置入点：[

设置入点：]

剪辑图层的入点：Alt+[

剪辑图层的出点：Alt+]

设置质量为最佳：Ctrl+U

设置质量为草稿：Ctrl+Shift+U

设置质量为线框：Ctrl++Shift+U

创建新的固态图层：Ctrl+Y

显示固态图层设置：Ctrl+Shift+Y

重组图层：Ctrl+Shift+C

通过时间延伸设置入点：Ctrl+Shift+,

通过时间延伸设置出点：Ctrl+Alt+,

约束"旋转"属性的增量为 45.0°：Shift+拖动旋转工具

约束沿 X 轴或 Y 轴移动：Shift+拖动图层

复位旋转角度为 0.0°：双击旋转工具

复位缩放率为 100%：双击缩放工具

放大并变化窗口：Alt+.或 Ctrl+主键盘上的"="

缩小并变化窗口：Alt+,或 Ctrl+主键盘上的"-"

缩放到 100%并变化窗口：Alt+主键盘上的"/"

缩放窗口：Ctrl+\

缩放窗口使其适配监视器：Ctrl+Shift+\

窗口居中：Shift+Alt+\

缩放窗口使其适配窗口：Ctrl+Alt+\

图像放大，窗口不变：Ctrl+Alt+ =

图像缩小，窗口不变：Ctrl+Alt+ -

显示/隐藏参考线：Ctrl+；

锁定/取消锁定参考线：Ctrl+Alt+Shift+；

显示/隐藏标尺：Ctrl+R

改变背景颜色：Ctrl+Shift+B

设置合成图像解析度为 Full：Ctrl+J

设置合成图像解析度为 Half：Ctrl+Shift+J

设置合成图像解析度为 Quarter：Ctrl+Alt+Shift+J

设置合成图像解析度为 Custom：Ctrl+Alt+J

进入合成图像流程图视图：Alt+F11

将椭圆遮罩布满整个窗口：双击"椭圆工具"按钮

将矩形遮罩布满整个窗口：双击"矩形工具"按钮

在自由变换模式下围绕中心点缩放：Ctrl+拖动

选择遮罩上的所有点：Alt+单击遮罩

自由变换遮罩：双击遮罩

推出自由变换遮罩模式：Enter

定义蒙版形状：Ctrl+ Shift+M

定义蒙版羽化：Ctrl+ Shift+F

设置蒙版反向：Ctrl+ Shift+I

新建一个遮罩：Ctrl+ Shift+N

选择工具：V

旋转工具：W

矩形工具：C

椭圆工具：Q

钢笔工具：G

后移动工具：Y

手工具：H

缩放工具：Z

从"选择工具"转换为"钢笔工具"：按住 Ctrl 键

从"钢笔工具"转换为"选择工具"：按住 Ctrl 键

在信息面板显示文件名：Ctrl+Alt+E

Premiere 快捷键

全选：Ctrl+A

复制：Ctrl+C

粘贴：Ctrl+V

将复制的剪辑粘贴到其他剪辑中：Ctrl+Shift+V

将复制的剪辑中的某一属性粘贴到其他剪辑中：Ctrl+Alt+V

时间单位缩放设置：+、-

显示所有素材：\

播放或暂停播放剪辑：空格键

倒放剪辑：J

设置剪辑持续时间：Ctrl+R

设置剪辑播放速度：Ctrl+Shift+R

鼠标实时查找剪辑：按住 Shift 键在导航器中移动

选择并移动、虚拟剪接、单图层全部位移、多图层位移：M

到所有剪辑的开头或结尾：Home+End

在时间线上定位到剪辑的开头或结尾：Page Up/Ctrl+Shift+← 或
　　　　　　　　　　　　　　　　　Page Down/Ctrl+Shift+→

修整模式：Ctrl+T

向前/向后一帧：←/→

向前/向后五帧：Shift+←/Shift+→

选择多个剪辑：Ctrl+单击剪辑

带标示百分量的视/音频减弱工具：Ctrl+Shift+Alt

暂时解锁视/音频：Ctrl+Alt+移动视/音频

重新编组锁定视/音频：Shift+Alt+移动视/音频

以五帧的变量改变剪辑的出入点但剪辑长度不变：Ctrl+Shift+Alt+左右键

在涟漪模式下删除剪辑：Alt+退格键

隐藏转场：Tab

打开剪辑：T

选中剪辑：Ctrl+Alt+数字（0～9）

寻找标记点：Ctrl+左右键或 Ctrl+数字（0～9）

清除所选剪辑的全部标记点：Ctrl+Shift+Alt+C

显示监视器栏：Ctrl+Tab

将剪辑以涟漪模式插入时间线轨道：,

将剪辑覆盖插入时间线轨道：.

字幕快捷键：F9

在插入光标前后逐字选择：Shift+左右键

上下逐行选择：Shift+上下键

行距一个单位调整：Alt+上下键

行距五个单位调整：Shift+Alt+上下键

字距一个单位调整：Alt+左右键

字距五个单位调整：Shift+Alt+上下键

字体以小单位数量缩放：Ctrl+Alt+左右键

字体以大单位数量缩放：Ctrl+Shift+Alt+左右键

白背景：W

黑背景：B

导入剪辑：F3

采集与批量采集剪辑：F5 与 F6

输出影片：F8

附录 B　试　题　库

一、基础知识

（一）填空题

1. _____用于新建一个项目、文件夹或 Photoshop 文件。

2. 当在其他软件中编辑了素材以后，可以选择_____选项重新载入最新的素材。

3. "重做"选项恢复_____选项撤销的操作。

4. 选择"编辑原始素材"选项可以打开相应的_____编辑软件对_____进行_____。

5. 添加输出模块，可以为当前渲染队列中所选择的序列新增一个_____，这样就可以将同一个合成项目设置为_____的输出文件，以适应不同的发布媒体的需要。

6. "图层"菜单包含与图层相关的大部分命令，主要包括_____、_____及_____的相关属性。

7. 如果设置当前合成项目的"颜色"属性，可以通过选择_____选项设置是否使用之前设置的颜色管理模式进行显示。

8. 工作界面既可以设置为预置的工作界面，也可以设置为_____和_____设置的工作界面或重置工作界面。

9. 选择"吸附网格"选项移动图层位置时，在网络范围内系统会_____，以便于对齐图层和网络效果。

10. 流程图用于_____或_____流程图面板。

11. 被导入的文件称为素材，它包括_____、_____和_____文件等。

12. 在图像合成窗口中能够直观地观察_____，还可以直接对_____进行处理，AE 中的绝大部分操作依赖_____窗口实现。

13. _____是制作的项目名称，_____是默认的项目名称，如果要保存为其他名称，则会显示_____。

14. _____的作用是将 2D 图层变换成 3D 图层，以便可以在三维空间中使用 2D 图层。

15. _____面板是 AE 在动态应用方面的功能之一，允许用户针对图层的任意属性产生随机的变化，包含影像的位移、尺寸、透明度等，以制作复杂的动态效果。

16. _____的功能在于使用画笔绘制图像时，计算下方图层和颜色的关系。

17. 单击_____按钮，可以快速进行填充颜色和描边颜色的切换。

18. _____时，既可以单击中间的小方块选择颜色，也可以用吸管在图片、视频等任意区域吸取颜色。

（二）选择题

1. AE 可以导入_____类型的文件格式。

    A．RPF   B．SGI   C．MA   D．MAX

2. PAL 制影片的帧速率为_____帧。

    A．24   B．25   C．29.97   D．30

3. 视频编辑中的最小单位为_____。

    A．时   B．分   C．秒   D．帧

4. 在 AE 中新建一个剪辑的方法是_____。

    A．选择"文件"→"新建"→"项目"选项和"合成"→"新建合成"选项

    B．选择"文件"→"打开"选项

    C．选择"文件"→"导入"选项将数字化的音/视频素材文件导入项目窗口，
       并用鼠标将素材拖动到合成中进行编辑

    D．选择"文件"→"保存"选项

5. AE 中同时能有_____个工程项目处于激活状态？

    A．2

    B．1

    C．可以自己设定

    D．只要有足够的空间，不限定项目激活数量

6. AE 可以将_____文件以项目方式导入。

    A．Photoshop   B．Illustrator   C．Premiere   D．Freehand

7. AE 能识别_____。

    A．Photoshop 文件及保持图层的透明度信息

    B．Photoshop 文件中图层的混合模式

    C．Photoshop 文件中的通道信息

    D．Photoshop 文件中的层的风格化设置

8. "新建"选项用于新建一个项目、文件夹或_____文件。

    A．Photoshop   B．Illustrator   C．Bridge   D．InDesign

9. _____将当前编辑过的项目恢复到上次保存的状态，在选择该选项前会出现
警告，提醒用户是否要进行恢复操作。

    A．"关闭"选项   B．"导入"选项

    C．"保存"选项   D．"恢复"选项

10. "撤销"选项用于取消上一步操作，可以通过选择"编辑"→"参数设置"→
"常规"选项设置恢复的次数，最高可达_____次。

    A．20   B．55   C．99   D．100

11．在绘画面板中，使用"画笔工具"可以在图层上绘制所需的图像，但画笔工具并不能单独使用，而是要配合_____面板和画笔面板一起使用。

　　A．模式　　　　　　B．流程　　　　　　C．绘画　　　　　　D．不透明度

12．_____在两个关键帧之间，插入新的关键帧频道，即每秒产生几个关键帧。

　　A．频率　　　　　　B．适用于　　　　　C．噪波类型　　　　D．适用

13．如果要按照不同的方式排列素材，可以单击_____窗口中相应的按钮。

　　A．尺寸　　　　　　B．命名　　　　　　C．持续时间　　　　D．项目

14．_____的功能是将把合成窗口背景从黑色转换为透明。

　　A．透明度网格　　　B．显示通道　　　　C．分辨　　　　　　D．3D视图弹出菜单

（三）简答题

1．"动画"菜单包括哪些选项？

2．"编辑"菜单包括哪些选项？

3．简述 AE 时间线的 5 个主要功能区。

答案

（一）填空题

1．"新建"选项

2．重新载入素材

3．"撤销"

4．素材　素材　编辑

5．输出模块　两种或两种以上

6．创建　编辑图层　设置图层

7．"使用显示颜色管理"

8．新建　删除

9．自动吸附

10．显示　隐藏

11．动画　图像　声音

12．要处理的素材文件的显示效果　素材　图像合成

13．项目1　项目1　设置的名称

14．3D 图层

15．抖动表达式

16．图层和颜色的关系

17．"颜色切换"

18．选色

（二）选择题

1. ABC 　2. B　 3. D　 4. ACD　 5. B　 6. ABC　 7. ABD　 8. A　 9. D
10. C　 11. C　 12. A　 13. D　 14. A

（三）简答题

1. "动画" 菜单包括如下选项。

（1）动画预设保存：可以保存当前设置的关键帧动画，以便于下次使用。

（2）应用预设动画：对当前图层应用预设动画。

（3）最近的动画预设：显示最近使用过的动画预设，可以直接调用这些动画预设。

（4）浏览预设：用 Adobe Bridge 打开默认的动画预设文件夹进行动画预设浏览。

（5）添加关键帧：为当前选择的图层动画属性添加一个关键帧。

（6）冻结关键帧：使当前的关键帧与其后的关键帧之间的数值产生一种突变效果。

（7）关键帧插值：修改关键帧的差值方式。

（8）关键帧速率：调整关键帧的速率。

（9）关键帧助手：辅助关键帧。

（10）动态字幕：为字幕添加各种动画效果。

（11）添加文字选区方式：设定文字动画的选区范围，通过它可以对一组字幕中的部分文本进行动画设置。

（12）取消所有文本动画：删除对字幕制作的所有动画组效果。

（13）添加表达方式：以表达式的形式对动画属性施加动画控制。

（14）运动跟踪：对素材的某一个或多个特定点进行动态跟踪。

（15）运动稳定：校正视频的不稳定效果。

（16）跟踪属性：指定需要跟踪的属性。

（17）显示动画属性：在时间线面板中展开图层中设置的关键帧的动画属性。

（18）显示修改过的属性：在时间线面板中展开所有被修改过的动画属性参数。

2. "编辑" 菜单包括如下选项。

（1）撤销：取消上一步操作，可以选择 "编辑" → "参数设置" → "常规" 选项设置恢复的次数，最高可达 99 次。

（2）重做：恢复 "撤销" 选项撤销的操作。

（3）历史记录：显示针对当前项目曾经执行过的操作。

（4）剪切：用于将一个对象剪切，存入剪贴板中，以便粘贴使用，并删除原对象。

（5）复制：在不改变选区内容的前提下，复制一个编辑对象，并保留原始对象。

（6）仅复制表达方式：仅复制动画属性中的表达式内容部分。

（7）粘贴：将剪切或复制到剪贴板中的对象粘贴到指定区域。

（8）清除：清除所有选项。

（9）副本：将选中的素材复制出一个副本，而不用先复制到剪贴板再进行粘贴。用户可以在项目窗口与合成项目中复制图层，在复制图层时图层的所有属性也将被复制。

（10）分裂图层：对所选择的图层进行分离操作。

（11）提取工作区：选中要操作的图层，将工作区域中想要删除的部分提取出来，不保留删除部分的空间，没有删除的部分将自动分为两个图层。

（12）抽出工作区：与"提取工作区"选项大致相同。

（13）全部选择：选择所有素材。

（14）全部取消：取消所有素材的选择。

（15）标签：主要用于设置标签的颜色，为图层设置不同的颜色。

（16）净化：在使用软件的过程中，随着操作步骤不断增加，以及素材的不断添加和删除等，导致缓存中会存在很多垃圾数据，这些数据会占用大量计算机资源。选择"净化"选项可以清空缓存中的内容，以加快计算机的运算速度。

（17）编辑原始素材：可以打开相应的素材编辑软件对素材进行编辑。

（18）编辑 Adobe Audition：使用 Adobe Audition 软件编辑音频素材。

（19）编辑 Adobe Sound booth：使用 Adobe Sound booth 软件编辑音频素材。

（20）模板：输出渲染模板设置和输出模板设置。

（21）参数：设置 AE 的基本参数。

3．AE 时间线的 5 个主要功能区如下。

（1）"视频/音频"功能区

在该功能区中，可以隐藏/显示视频或音频；可以锁定/解锁图层或者只显示一个图层。

（2）"图层"功能区。

在该功能区，可以显示层级、数量和来源等图层的属性。

（3）"开关面板"功能区。

在该功能区，可以设置图层的隐藏/显示，添加抗锯齿、帧融合、运动模糊等效果，以及打开其三维层开关等。

（4）"父级和链接"功能区。

该功能区用于与其他图层设置父子关系，控制它们的属性。

（5）"时间线"功能区。

该功能区用于控制图层的进入/退出方式、速度、关键帧等。

二、影视后期合成操作流程

（一）填空题

1. 新的合成项目是在_____下的_____选项中创建的。
2. 本书提到的导入素材方式有_____种。
3. 监视器窗口是用来_____素材和对素材_____的面板。
4. 当一个合成制作完成后，要做的是_____。

（二）选择题

1. 在导入 PSD 素材时，下列选项中，_____是由合并图层方法导入的。
   A．素材　　　　　　　　B．选择图层　　　　　　　　C．合成
2. 如果要同时向 AE 中导入多个素材，应_____。
   A．选择"导入"→"文件夹"选项
   B．项目窗口中双击
   C．选择"导入"→"多个文件"选项

（三）简答题

1. 简述 AE 中预览的主要作用。
2. 简述查找素材的步骤。
3. 简述影视片头的制作流程。
4. 如何将 Photoshop CS4 的图层导入 AE 中？

答案

（一）填空题

1. 合成　新建合成项目
2. 2
3. 观看　进行实时处理
4. 渲染

（二）选择题

1. A　　2. C

（三）简答题

1. 预览是为了让制作者观察制作效果，以确认制作的效果是否达到要求。在预览时，可以通过改变播放的帧速率或画面的分辨率来改变预览速度和预览的质量。

2．查找素材的步骤如下。

（1）选择"文件"→"查找"选项，弹出"查找"对话框。

（2）在"查找"文本框中输入要查找的素材名称。

（3）如果选中"字符全匹配"复选框，则输入的名称与要查找的素材名称必须完全相符，否则将无法查找。

（4）如果要查找的文件含有子文件夹，而且所要查找的素材在子文件夹中，则须选中"区分大小写"复选框。

（5）设置完成，单击"确定"按钮开始查找。

（6）选中"查找丢失的片段"复选框，可以继续查找。

3．制作素材→编辑内容→添加特效→合成场景→导出。

4．选中要导入的 PSD 文件，在"导入为"下拉列表中有 3 个导入选项。如果选择以"素材"方式导入，则会弹出一个对话框；如果在对话框中选择"合并图层"选项，则整个 PSD 文件会以合并图层的形式导入项目；如果选择"选择图层"选项，需要在该选项右侧的下拉列表中选择需要导入的具体图层。选中要导入的图层之后，单击"确定"按钮，即可将选中的图层导入项目窗口中。

如果选择以"合成-保持图层大小"方式导入，则会使 PSD 文件以分层的方式导入，导入进来之后的所有图层都包含在一个与 PSD 文件具有相同文件名的文件夹中，同时，系统会自动创建一个与 PSD 文件同名的合成。双击这个合成图标，在时间线面板中可以看到 PSD 文件里的所有图层，在 AE 中同样以图层的方式排列显示，并且可以单独对每个图层设置动画。

三、影视后期合成特效应用

（一）填空题

1．_____特效的主要功能是通过分析图像的_____、中间色和阴影部分的颜色数据，调整原图像的_____，压制中间色的色彩范围，使画面整体色彩产生变化。

2．_____特效自动分析图层中所有的对比度和混合的颜色，使_____部分更亮，_____部分更暗。

3．_____特效自动设置高光和阴影，通过在每个存储_____的色彩通道中定义最亮和最暗的像素。

4．_____特效是调整图层的亮度和对比度，在默认的情况下，滑动控制条的指针在中间，向左或向右拖动指针就可以改变_____。

5．在 AE 中，对于对比度比较强烈的图像，最好采用_____特效进行抠像。

6．_____特效在进行键控的过程中，应该尽量保持背景与前景有较大的颜色差别。

7．_____特效主要用于制作气泡效果。该特效还可以用于制作水珠等效果。

8．运用"碎片"特效，可以制作拼图、破碎玻璃、星形等效果；控制碎片的_____等。

（二）选择题

1. 在后期制作过程中，可以将静态背景从动态前景中提取出来，然后用其他背景代替的特效是_____。

    A．色差键   B．差异蒙版   C．亮度键   D．内外键

2. 对于图片中的玻璃瓶，运用_____特效能较好地抠出。

    A．颜色键   B．内外键   C．色差键   D．亮度键

3. _____特效主要用于水波滤镜效果的制作。

    A．碎片   B．粒子场   C．亮度键   D．涟漪

4. 为"位置"属性添加关键帧的快捷键是_____。

    A．P   B．Shift+T   C．Ctrl+O   D．F

（三）简答题

1. 如何运用色彩还原特效？

2. 如何运用木偶运动特效？

3. 在 AE 中，如何给一个图层添加多个文字特效？

4. 在 AE 中，若用图层的时间延伸功能来延长素材播放时间，关键帧也会被拉长。那么，怎样才能在拉长素材时使关键帧不移位呢？

5. 如何实现倒序播放？

6. 怎样才能将 Photoshop 文件按图层顺序导入？

答案

（一）填空题

1. 自动色彩　高光　对比度和色彩

2. 自动对比　高光　阴影

3. 自动级别　白色和黑色

4. 亮度和对比度　亮度和对比度

5. 亮度键

6. 差异亚光

7. 泡沫

8. 方向、强度、厚度

（二）选择题

1. B

2. C

3. D

4. A

（三）简答题

1．色彩还原使用"曲线"特效调节画面明暗对比，通过"去色"特效去除选择颜色，这种特效可以使画面呈现复古的效果。首先导入素材，将其拖动到时间线面板。为了更好地进行去色工作，为图片层添加"曲线"特效。然后在曲线上用鼠标单击新增两个控制点，分别控制亮部和暗部，使亮部更亮，暗部更暗。调整曲线之后，再为图层添加"去色"特效，在特效面板中选择"去色"下的"要去除的颜色"右侧的颜色吸管，然后到项目预览面板中吸取图像中蓝色，并根据去色情况调整其他参数。

2．新建一个合成。将素材导入项目窗口中。选择刚导入项目窗口中文件，将其拖动到新建的合成中，即在时间线面板上生成一个新图层。选择"图层"→"新建"选项，新建一个 Soild 图层，设置颜色为白色。执行 Effect/Simulation/Playground 命令，添加粒子特效，设置 Layer Map/Use layer 为背景图层。在"效果控制"面板中设置 Connon 下的各项参数。在"效果控制"面板中，设置 Gravity 下的各项参数。将"人物.png"图层拖动到时间线面板中，并放置到第二层，单击"钢笔工具"按钮，在合成窗口中绘制一条直线（绘制图层为 Soild 层）。回到"效果控制"面板，设置粒子选项下的游乐场中墙选项，选择 Mask1。

3．每加一个特效前建一个 Solid 层。

4．按 Ctrl+Alt+T 组合键来实现这个目的。

5．在时间布局窗口中右击，选择"Stretch"选项，调节 Stretch Factor 为-100%。

6．只要在导入文件时选择"导入为"为"合成-保持图层大小"。

四、宣传片特效

（一）填空题

1．导出视频文件时应该注意，文件应该是_____的。

2．_____中输出单帧图片的快捷键是 Ctrl+Alt+S。

3．DV-PAL 制式对应的帧速率为_____。

4．新建合成项目的快捷键是_____。

5．当按 Home 键，而时间线不回归 0 秒时，应该_____。

6．AE 是_____公司推出的一款用于_____产品，是目前使用范围最广泛的_____软件。

7．视频/音频特征面板包含_____／_____或_____的开关，以及_____开关。

8．AE 中支持率比较高的 3 种格式分别是_____、_____、_____。

9. _____可提供 2D 和 3D 合成，以及数百种预设的效果和动画，为用户的电影、视频、DVD 和 Macromedia Flash 作品提供丰富多彩的效果。

10. _____中遮罩等比例缩放的快捷键是 Ctrl+Alt+拖动鼠标。

（二）简答题

1. VCD 中的 DAT 文件无法导入 AE，怎么办？
2. 添加了 3D 图层，渲染后为何没有 3D 效果？
3. 在 AE 中输出声音不流畅，但是预览效果正常，这是为什么？
4. 在 AE 中导入 PSD 文件，添加发光效果却受到文件尺寸的限制，如何解决？
5. 在 AE 中怎样制作文字抖动效果？

答案

（一）填空题

1. 无损
2. AE
3. 25
4. Ctrl+N
5. 右击时间线面板，再按 Home 键
6. Adobe 专业视频画面合成的 视频合成
7. 控制视频 音频启用 失效 图层锁定
8. AVI MPEG WMV
9. Adobe After Effects
10. Adobe After Effects

（二）简答题

1. 将*.dat，改成*.mpg 即可。
2. 未添加摄像机。
3. 因为一般输入的声音文件是 MP3 格式，而不是标准的 WAV 压缩格式，导致 AE 输出出错。解决方法：用其他音频软件将文件转换成标准的 WAV 格式。
4. 新建一个空对象，然后按"Ctrl+Shift+C"快捷键合并成一个合成；或者新建一个合成，将现有的合成添加到新合成中。
5. 移动几个关键帧，然后反复复制这几个关键帧就可以实现。

五、电视节目片头特效

（一）填空题

1．新建文件时，制式最好选择_____，它对应的帧速率为_____。

2．现在越来越多的 Flash 作品也可以进行后期合成了，这是因为要做出好的 Flash 作品费时费力，而用 AE 可以大大提高工作效率，而且可以直接输出为_____。

3．_____是中国的视频制式，对应的帧速率为_____。

4．AE 提供了与_____、_____、_____、_____和_____软件无与伦比的集成功能，为用户提供了应对生产挑战并交付高品质成品所需的速度、准确度和强大功能。

5．AE 软件继续为用于_____、_____、_____和_____的动画图像和视觉效果设立新标准。

6．如果特效控制面板被关闭，其恢复步骤是在_____下单击_____。

（二）选择题

1．AE 新增加了_____功能。

A．如需打开 AVI 文件

B．关键帧设置

C．可输出 Flash 文件

D．形状图层新功能

2．特效控制面板被关闭、恢复的快捷键是_____。

A．Ctrl+R

B．F3

C．Shift+F+10

D．Ctrl+F2

（三）简答题

如何添加光环特效？

答案

（一）填空题

1．DV-PLY　25

2．Flash 文件

3．PAL　25

4．Adobe Premiere Pro　　Adobe Encore DVD　　Adobe Audition　　Photoshop CS　Illustrator CS

5．电影　录影　DVC　Web

6．Effect　Effect Controls

（二）选择题

1．CD　　2．C

（三）简答题

导入素材并放置在顶层，将图层质量设为最佳，然后打开三维开关。选中"yueya.png"图层，添加"高斯模糊"特效，在"效果控制"面板中设置"模糊度"为15，选择"效果"→"风格化"→"发光"选项，参数设置保持不变。在时间线面板中选择"yueya.png"图层的"变换"选项，设置"位置"为"215.0，150.0，130.0"；展开"缩放"选项，取消选中"约束比例"复选框，设置"缩放"为"15.0，15.0%，100.0%"；展开"旋转"选项，设置"X 轴旋转"为"0x-55.0°"，"Y 轴旋转"为"0x+36.0°"；展开"yueya.png"图层的"遮罩 1"选项，设置"蒙版羽化"为"10.0，10.0 像素"，羽化光环与地球相交的部分，使视觉效果更好，更柔和。

六、宣传广告特效

简答题

1．简述制作商品广告的流程。

2．如何将 Illustrator 图层导入 AE？

3．如何将 Photoshop 图层导入 AE？

4．如何在 AE 中导入音频文件，并对照素材进行处理？

5．简述影视片头的制作流程。

答案

1．确认创意及广告片的长度、规格、目的、任务、情节、创意点、气氛等后，准备素材。素材准备完成后，进行脚本数据说明，一切准备就绪即可进行最后制作。

2．因为 Illustrator 图层不像 Photoshop 能直接导入 AE，所以要先转换为 PDF 格式，再导入 AE。

3．双击项目窗口，导入选中的 Photoshop 文件：在弹出的"导入文件"对话框中，设置"导入为"为"合成-保持图层大小"，然后单击"导入"按钮即可。

4．在 AE 中导入音频文件和其他素材一样，最好是无破损的 WAV 格式，但有时导入 AE 后没有声音，而直接在 AE 中双击音频文件却可以听到声音，所以，最好先把音频转成 WMA 格式再导入 AE 中，或在 PM 中输出为 AVI 无视频的音频再导入 AE。

5．制作素材→编辑内容→添加特效→合成场景→导出。

参 考 文 献

胡垂立, 肖卓, 2014. After Effects 影视后期合成[M]. 北京: 电子工业出版社.

吉家进 (阿吉), 2012. After Effects 影视特效制作 208 例[M]. 北京: 人民邮电出版社.

李晖, 徐丕文, 2014. 影视特效与后期合成[M]. 北京: 北京师范大学出版社.

刘力溯, 陈明红, 2018. After Effects CC 2017 影视后期特效实战[M]. 北京: 清华大学出版社.

刘莹, 方楠, 王圣瑛, 2019. 影视后期特效与剪辑[M]. 青岛: 中国海洋大学出版社.

毛颖, 余伟浩, 2014. 影视后期特效合成[M]. 2 版. 北京: 中国轻工业出版社.

孙芳, 2019. After Effects 影视后期特效设计与制作 (全视频实战 228 例) (中文版) [M]. 北京: 清华大学出版社.

伍福军, 2021. After Effects CC 2019 影视后期特效合成案例教程[M]. 北京: 电子工业出版社.

新视角文化行, 2012. After Effects 影视后期合成[M]. 北京: 电子工业出版社.

郑峰, 2019. 短视频后期特效设计[M]. 北京: 电子科技大学出版社.

周玉山, 刘慧敏, 王雅楠, 2020. After Effects CC 影视后期特效制作案例教程[M]. 北京: 清华大学出版社.